# 相信自己我很棒

丽超 ◎ 编著

中国纺织出版社有限公司

## 内容提要

自信是一种生活态度，是一种力量，是青少年成长路上必不可少的信念，青少年相信自己、了解和战胜自己，坦然面对困境和磨难，跨越障碍，就能实现人生的理想。

本书倾力为成长中的青少年打造，运用平和朴实的语言，告诉广大青少年朋友，只要你有信念，相信自己能独立支撑人生路上的风风雨雨，你就能获得力量，成为一个内心强大的人，就能实现你想要的人生。

**图书在版编目（CIP）数据**

相信自己我很棒 / 丽超编著.--北京：中国纺织出版社有限公司，2021.4
ISBN 978-7-5180-8187-5

Ⅰ.①相…Ⅱ.①丽…Ⅲ.①自信心-青少年读物Ⅳ.①B848.4-49

中国版本图书馆CIP数据核字（2020）第220419号

责任编辑：张 羽　责任校对：高 涵　责任印制：储志伟

中国纺织出版社有限公司出版发行
地址：北京市朝阳区百子湾东里A407号楼　邮政编码：100124
邮购电话：010—67004422　传真：010—87155801
http://www.c-textilep.com
中国纺织出版社天猫旗舰店
官方微博http://weibo.com/2119887771
三河市宏盛印务有限公司印刷　各地新华书店经销
2021年4月第1版第1次印刷
开本：880×1230　1/32　印张：7
字数：118千字　定价：39.80元

凡购本书，如有缺页、倒页、脱页，由本社图书营销中心调换

# 前言

生活中,每个人都有自己的梦想,都梦想过自己能成为什么样的人,也许是科学家,也许是企业家,也许是医生或者律师等,然而,真正能成功的人却是少数,这是因为大多数人宁愿做梦而不愿实践。而其实,想成为自己想做的人并不难,只要你相信自己,然后朝着梦想奋进。

爱默生是美国著名的学者,他曾经说过:"你,正如你所思。"而那些成功者之所以能成功,其实,也就是因为他们对自我有一种积极的评价,从而产生一种自信,而这种自信其实就是一种魔力。它能推动人们朝着目标不断努力。信念是一种无坚不摧的力量,当你坚信自己能成功时,你必能成功,许多人一事无成,就是因为他们低估了自己的能力,妄自菲薄,以至于缩小了自己的成就。信心能使人产生勇气,成功的契机,是建立自己的信心和勇气,以信心克服所有的障碍。

生活中的青少年朋友们,无论你希望自己在将来成为什么样的人,你都要相信自己一定能做到,试想,一个人对自己的未来都没有强烈的信心,又怎么能征服别人呢?

可能很多青少年朋友都记得,上幼儿园时,老师曾问"将来长大了想做什么样的人?"的确,在任何人的心中都有一个梦想,但长大后,很多人才发现,原来自己早已将儿时的梦想搁浅。在成长过程中,由于缺乏勇气,我们将梦想搁浅了。不

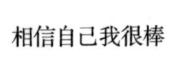 相信自己我很棒

过,一个人究竟想成为什么样的人,或者内心深处想做什么样的人,这种感觉是不会变的。在追逐梦想的过程中,我们应该勇敢向前,克服畏惧心理,努力成为自己想做的那个人。

自信的产生是自我意识的选择。一个人可以选择成功的自信,也可以选择束缚自己的自卑,这一切全由自己来决定。青少年朋友,如果你想选择自信,你应先弄清自己身上的优点、长处,一条一条记在心里,不断地告诉自己:"我身上拥有无限的能力和无限的可能性。"当你弄清了自己的强项,选择和发挥自己最擅长的能力,也就是自己的优势潜能时,就自然产生了自信。

总之,青少年朋友,你要做一个心中有梦的人,你要坚信,总有一天,你会变得很棒。所以,你要做到不放弃,知道自己要什么,该干什么,勇敢地去敲那一扇扇机会之门。

因此,每个青少年朋友都有必要用心拜读这本《相信自己我很棒》,其中的智慧是指引你们一生的航标。本书不仅集中阐述了那些成功人士的人生经验,更分析了信念对于你成长的重要意义,相信在品读完这本书后,你一定有种斩获颇丰的感觉。最后,希望你能披荆斩棘,成为自己想成为的人。

编著者

2020年10月

第1章　心向阳光，青少年要拥有向上的力量　‖1

做阳光少年，内心的阴霾无处躲藏　‖2

少点猜忌，青少年要信任他人　‖5

年轻爱热闹，但也要享受寂寞　‖8

保留一颗平常心，别让年轻的生命在焦虑中失去色彩　‖11

青少年一旦抱怨，就是浪费生命　‖15

青少年学会释放，将内心的压力宣泄出来　‖17

无须紧张，青少年学会凡事轻松面对　‖20

青少年要告别浮躁，让心静下来　‖23

第2章　自我调节，青少年别沦为消极情绪的奴隶　‖27

冲动是魔鬼，发怒前要三思　‖28

与其做嫉妒他人的少年，不如从现在开始奋斗　‖31

理性思考，青少年别让自己做出后悔的事　‖35

超越自卑，做自信少年　‖38

过去的事已经过去，青少年不要陷入悔恨中　‖41

人群中也快乐，不做孤僻少年　‖43

少年不要仇恨他人，让心装满快乐　‖47

第3章　心态提升，做自己最好的心理医生 ‖51

　　爱慕虚荣的青少年，你终会迷失自己 ‖52
　　做勇敢少年，不做胆小鬼 ‖55
　　自负的少年只会止步不前 ‖58
　　青少年一旦攀比，就失去了快乐 ‖61
　　克服依赖心理，做独立自主的少年 ‖64
　　告别自私自利，青少年多替他人着想 ‖67
　　青少年战胜了内心的恐惧，你就是强者 ‖70
　　青少年敢于担当，尽早学会负责任 ‖73

第4章　相信自己，青少年就有了改变一切的力量 ‖77

　　成为最优秀的自己 ‖78
　　爱，是最好的养料 ‖80
　　青少年尽早选定人生方向，就会少走弯路 ‖83
　　别着急，你要的机遇也许就在转弯处 ‖86
　　青少年自我肯定，然后才能不断改变 ‖89
　　自信，让每个青少年无往不利 ‖93
　　青少年有必胜的信念，才有可能获得成功 ‖96
　　与众不同的少年绝不人云亦云 ‖99
　　青少年尽早树立梦想，为人生找到方向 ‖102

## 第5章　马上去做，青少年灿烂人生从你行动的那一刻开始 ‖105

青少年将任何一件简单的事做到极致，就能成功 ‖106
青少年与其抱怨，不如改变自己 ‖109
青少年不走寻常路，可能获得不一样的成功 ‖111
青少年不要因为畏惧困难而放弃执行 ‖114
青少年要想克服恐惧，唯有现在就行动 ‖117
青少年找准自己的定位，才能成就自己 ‖120
青少年所有的烦恼来自想得多、做得少 ‖123
青少年要找准自己的位置，然后走自己的路 ‖125

## 第6章　开拓梦想，年轻的生命因梦想而闪闪发光 ‖129

人生风雨，青少年要坚强面对 ‖130
决不放弃，青少年要看到绝境中的机遇 ‖132
遭遇挫折，青少年勇敢面对终成强者 ‖135
希望不灭，青少年就有实现梦想的可能 ‖138
哪怕跌倒，青少年也要靠自己的力量站起来 ‖141
心态改变命运，青少年要有积极乐观的心态 ‖143
面对失败，大不了从头再来 ‖146

## 第7章　肯定自己，青少年要牢牢将命运之绳掌握 ‖149

肯定自己，青少年首先要端正自己的心态 ‖150
找个合适的方式，将烦恼宣泄出去 ‖151

青少年用一双善于发现美的眼睛，发现生活中的美好　∥154
用心感受到生命的美好　∥156
面朝太阳，内心就能洒满阳光　∥159
打开你心灵的窗户，让阳光洒进来　∥161
青少年要享受简单付出的快乐　∥164
青少年内心有信心，就能产生力量　∥166
青少年的命运如何，全靠自己掌握　∥169

## 第8章　心灵减负，青少年才能轻松踏上新的人生征途　∥173

青少年赶走心中的乌云，为阳光腾出新地方　∥174
不管何时，青少年都不能放弃希望　∥176
青少年要坚守自己的内心，活出自己的个性　∥179
青少年要善于为自己的心灵减负　∥182
青少年要坚信，风雨之后一定会有彩虹　∥185
理解和信任，能帮助你获得巨大的力量　∥189
青少年学会减负，心才能快乐　∥192

## 第9章　历经打磨，青少年终能成为你想成为的人　∥195

青少年不要害怕压力，压力也是动力　∥196
青少年要明白，最重要的是你在成长　∥198
人生危崖，青少年也要勇敢面对　∥201
青少年正确看待自己，短处也能成为优势　∥204

每个青少年都要学习的一道测试题　‖207
青少年勇于承认错误，才能改正错误　‖209
青少年顾虑重重，会牵绊行动的脚步　‖211

参考文献　‖214

## 第1章
## 心向阳光，青少年要拥有向上的力量

人生在世，谁都希望自己生活得幸福、快乐，而一个人快乐与否，完全取决于个人对人、事、物的看法。青少年朋友，你们的人生刚刚开始，现阶段的你们一定要学会一项技能——心理美容，因为面对人生的烦恼与挫折，最重要的是摆正自己的心态，积极面对一切。如果你懂得调解自己的心态，那么，你就能拥有一个充满阳光的青春期，你就拥有了挑战未来的最重要的砝码。

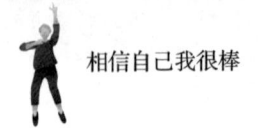 相信自己我很棒

## 做阳光少年，内心的阴霾无处躲藏

有人说，这世界上存在两种人，划分的标准就是他们对待事物的态度，一种是乐观的人，一种是悲观的人。乐观者，他们的脸上总是挂着微笑，似乎没有什么事情能难倒他们，因此，他们生活得幸福、坦然；而悲观者，他们似乎总是把眼光盯在事情坏的一面，于是，他们总是低迷，整日郁郁寡欢。有句话说得好："乐观者在灾祸中看到机会，悲观者在机会中看到灾祸。"微笑看待人生，好运自会降临。

人生短短数十载，困难和挫折都在所难免，我们不能预知未来，但我们可以以一颗坦然的心面对。只要积极乐观、永不绝望，就一定能走出逆境。处于成长阶段的青少年朋友们，也应该学会在日常生活中培养自己乐观的精神，无论你遇到什么事，都不要忧郁沮丧；无论你多么痛苦，都不要整天沉溺于其中无法自拔，不要让痛苦占据你的心灵。

心理学研究发现，成长期的孩子若对自己持正面的看法，对未来有乐观的态度，那么，他就不会离幸福太远。孩子乐观的重要表现之一，就是凡事进行正面的思考。

有一天，老师当着全班同学的面批评一个初中男孩历史考试成绩太糟糕。回到家，妈妈想安慰他，但没想到小男孩却这么说："幸好老师批评的是我最烂的一门科目，如果我最好的

第1章 心向阳光，青少年要拥有向上的力量

一门科目被他批评，那我岂不更惨了。"

这个小男孩的这种思维就是正面的、积极的，拥有这样的思维能力，就是乐观特质的精彩展现。

的确，乐观就像心灵的一片沃土，为人类所有的美德提供丰富的养分，使它们健康成长。它使你的心灵更加纯净，意志更富有弹性。它就像最好的朋友一样陪伴着你的仁慈，像尽职尽责的护士一样呵护着你的耐心，像母亲一样哺育着你的睿智。它是道德和精神最好的滋补剂。马歇尔·霍尔医生曾对自己的病人说过："乐观的态度，是你最好的药。"所罗门也曾说过："乐观的心态，就是最强劲的兴奋剂。"有一位虔诚的作家，在被人问到该如何抵抗诱惑时回答："首先，要有乐观的态度；其次，要有乐观的态度；最后，还是要有乐观的态度。"

青少年朋友们，在生活中，你难免会遇到某些困难，遇到某些不顺心的事，因此变得沮丧。其实，你应该时刻告诉自己，困境是另一种希望的开始，它往往预示着明天的好运气。因此，你只要放松自己，告诉自己希望是无处不在的，再大的困难也会被战胜。

## 心灵启示

一位著名的政治家说过："要想征服世界，首先要征服自己的悲观。"用乐观的态度对待人生，满世界都是"鲜花开放"；而悲观者看人生，则总是"悲秋寂寥"，为了培养乐观的心态，青少年朋友们，你可以这样做：

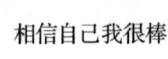 相信自己我很棒

1. 摒除那些消极的习惯用语

"我真不知道该如何是好了!"

"这道题怎么总是解答不了呢?"

"我真累坏了。"

……

相反,你可以这样激励自己:

"累了一天,能这样休息真好啊!"

"再大的困难,我也能挺过去!"

"我一定要把这道题解出来。"

"我就不信我战胜不了你!"

2. 多听愉快、鼓舞人的音乐

每天早上,当你起床后,试着多接触那些积极的信息,如果可能的话,和一位心态积极者共进早餐或午餐。不要看早上的电视新闻,你只要浏览一下当天报纸上的几条重要新闻即可,它足以让你知道将会影响你生活的国际或国内新闻。

3. 从事有益的娱乐与教育活动

观看介绍自然美景、家庭健康以及文化活动的录像带;

挑选电视节目及电影时,要根据它们的质量与价值,而不是关注商业吸引力。

4. 比较法

当你心情不好时,不妨去访问孤儿院、养老院、医院,你会发现,这个世界上,比你不幸的人多得是。如果情绪仍不能平静,就积极地和这些人接触;和你的朋友一起散步游戏,这

样，你的坏情绪就会逐渐平息。通常只要改变环境，就能改变自己的心态和情绪。

总之，只要保持乐观心态，一切难题都会在短时间内迎刃而解。

## 少点猜忌，青少年要信任他人

人类作为群居动物，需要朋友，需要友谊之水的滋养，困难之时都需要朋友的一臂之力，心情低落之时都需要朋友的一句宽慰，荣耀之时都需要朋友衷心的祝贺和分享。然而，在人类所有的情感中，友情是最需要信任和付出的，猜忌是友情的致命敌人。正如有人说："假如我们都知道别人在背后怎样谈论我们的话，恐怕连一个朋友都没有了。"这并不是一句否定人与人之间友情的话，相反地，它正可以告诉我们，对背后的闲话尽可不必认真打听和计较。信任你的朋友，放下你的猜忌，你一定会收获友谊的果实。

青春期是个需要朋友的年纪，青春期的孩子会慢慢成为一个社会人；青春期是个为友谊劳心劳力的年纪，但青少年朋友们，如果你想拥有友谊，就必须放下你的猜忌，学会信任你的朋友。

人与人之间的友谊是经不住猜忌和私心的考验的。曾被人们认为是智慧的化身的诸葛亮，也是个猜忌心重的人。

 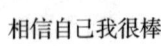

诸葛亮精明能干，且任人唯贤，却因为过于明察而生疑人之心。他对人不信任，大事小事无不亲自过问，出将入相，茕茕孑立。诸葛亮对受降之将魏延始终用而不信，怀疑他有反叛之心，致使军事上失去"股肱"之助。诸葛亮死后，又发生魏延的冤案，蜀汉元气大伤，造成"蜀中无大将，廖化作先锋"的不利局面。

实际上，自古以来，和诸葛亮一样，不知有多少人因为猜忌而疏远了朋友，中断了友谊，甚至断送了江山。猜忌实在是害人又害己。

猜忌不仅是对友谊的一种摧残，更是对心灵的一种折磨。杯弓蛇影的典故就是很好的例证。弓影映在盛酒的杯中，好像小蛇在游动，饮者以为真把小"蛇"给吞下去了，越想越恶心，结果害得自己大病一场。这才是天下本无事，庸人自疑之，疑心太重，到头来自讨苦吃。

对别人无端的猜忌，貌似无端，实则有端，猜忌源于褊狭的私心。"以小人之心，度君子之腹"，疑心太重的人，总怕别人争夺自己的所爱、所求、所得，怕别人损害自己的利益，终日疑神疑鬼，顾虑重重，你对别人不放心，别人能对你坚信不疑吗？虽说防人之心不可无，但是时时提防，处处疑心，还会有知心朋友吗？

### 心灵启示

我们不能否认，每个人都有疑心，这是自我保护的一种正

# 第1章 心向阳光，青少年要拥有向上的力量

常的心理活动，但所谓的自我保护，是相对于那些相交甚浅甚至是陌生人的，而对于自己的朋友，则应该以信任为基础。如果对待朋友处处设防，则大可不必。

那么，青少年朋友们，你该如何摒弃人际交往中的猜忌心理呢？

1. 理性思考，不无端猜忌

当你发现自己在猜忌一件事或者一个人时，不妨打断一下自己的思维，问一问自己，为什么要猜忌？这样做对吗？如果怀疑是错误的，还有可能发生什么情况？在做出决定前，多问几个为什么是有利于冷静思索的。

2. 发现自己的优点，增强自信心

每个人都不是完美的，有优点自然也有缺点，但我们不要一味地盯着自己的缺点看，这样只会让你灰心丧气。善于发现自己的优点，能帮助你树立自信心、提升能力，在获得成就后，你会更加自信地生活。

3. 从心理上根除猜忌

行为总是在执行心理的动态，从心理上根除猜忌，行为也就与之决裂。你要告诉自己，那个我不喜欢的人，他并不是坏人，我只是放大了他的缺点，没看到他的优点而已。经过长期的心理斗争，必定能让你根除猜忌。

4. 增强对自我的调节能力

人生在世，我们不可能让每个人都称赞我们，对于别人对自己的评价，我们不必猜忌。但丁有一句名言："走自己的

  相信自己我很棒

路,让别人说去吧。"要善于调节自己的心情,不要在意他人的议论,该怎样做还是怎样做,这样不仅解脱了自己,无端的怀疑也烟消云散了。

5. 多沟通,解除疑惑

在人际交往中,彼此之间会有一些摩擦或误解,这也许是由于理想、观念的不同导致了态度不同,也有些猜忌来源于相互的误解。这些情况,都应该通过适当的方式解决。通过谈心,不仅可以使各自的想法被对方了解,消除误会,而且还避免了因误解而产生的冲突。

总之,克服猜忌只有不断地战胜自我,才能消除多疑。战胜自己的狭隘,就会心怀坦荡开朗;战胜自己的偏激,就会理智处事;战胜自己的浅陋,就会多一些宽容;战胜自己的孤僻,就会多一些友谊。这样不断战胜自我,才会迎来美好、和谐、舒畅、顺达的人生。

## 年轻爱热闹,但也要享受寂寞

我们都知道,现代社会,人们已经习惯于城市的喧嚣,因此,寂寞来临时,总有人手足无措,不知如何排遣。有人说,孤寂是吞噬生命和美丽的沼泽地。寂寞不可怕,可怕的是心灵的孤独,因此,寂寞的时候,我们需要一点精神上的寄托与追求,打破寂寞,学会在寂寞中寻求彼岸。

# 第1章 心向阳光，青少年要拥有向上的力量

青少年阶段都渴望结交朋友，无论是学习还是娱乐，都喜欢成群结队，没有谁喜欢被同学和朋友孤立，然而，一个人要成长，就必须学会直面寂寞，如果你能充实自己的内心，让心灵永不孤独，那么，你就长大了。

有本书上曾经这样说："能够忍受孤独的，是低段位选手；能够享受孤独的，才是高段位选手"。诚哉斯言！不同的人生态度，成就了不同的人生高度。一个真正有内涵的人，都是懂得充实自己内心的人，如看一本书、写一行字，学会修理一个柜子，养活一缸鱼，下厨煲一锅汤，会照料受伤的小动物等。这一切远胜于呼朋唤友，左拥右抱。他应该有自我内心的坚定和认知，不受世间左右来界定，专注工作和学习，并且独具一格。

"每天放学后，我宁愿去图书馆看看书，也不愿意和同学们去网吧上网，每读一本书，我都能获得不同的知识，有专业知识，有人生感悟，有风土人情，有幽默智慧，我很享受读书的过程。每次从图书馆出来都已经是夜里十点了，看着路边安静的一切，风从耳边吹过，我真正感到了内心的安宁。同学们都说我这人太宅了，但我觉得，我是在享受寂寞，内心有书籍陪伴，我从不感到孤独。"

这是一个懂得享受寂寞的人的内心独白。的确，心与书的交流，是一种滋润，也是内省与自察。伴随着感悟与体会，淡淡的喜悦在心头升起，浮荡的灵魂也渐归平静，让自己始终保持着一份纯净而又向上的心态，不失信心地融入现实，介入生

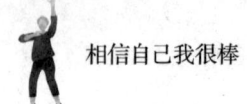
相信自己我很棒

活，创造生活。

也许你会问，"寂寞"二字究竟是褒义词还是贬义词？我们无需追问，但我们需要明白，寂寞不等于孤独。一个人孤独，那是因为身边没有朋友；而一个人寂寞，那是自己给自己的独有空间。

曾有这样一个故事：

有个人独自行走在森林中，后来，他迷路了，饥饿难耐的他最终靠在了一棵大树底下，睡着了。在梦中，他看到了洁白的牛奶和诱人的面包，他以为这些都是真实的。而就是靠着这份幻想，他走出了森林，获得了重生。

有人说：孤独是一种无以言状、美轮美奂的境界。的确，在孤独的时候，我们才能真正实现与自己的对话，才能让我们进入冥想的境界。

其实孤独也是美丽的，孤独的是影，实在的是心，孤独的人能在孤独寂寞中完成他的使命。如果一个人，兴趣无比广泛而又浓厚，又感觉到自己的精力无比旺盛，那么，你就不必去考虑你活了多少年这种纯数字的统计学，更不需要去考虑你那未知的未来。

## 心灵启示

那么，寂寞时，青少年朋友们应该如何充实内心呢？

1. 与书籍为伍

英国作家汤玛斯说："书籍超越了时间的藩篱，它可以把

第1章 心向阳光，青少年要拥有向上的力量

我们从狭窄的目前，延伸到过去和未来。"的确，书籍记录了太多伟大的思想，在读书的过程中，我们能实现自我提升，我们能探索到很多我们未曾涉及的领域，我们更能从书籍中找到心灵的导师，从而看清自己、走出狭隘，最终达到丰富自我、提升涵养的目的。

2. 专注于学习

孔子说："德不孤，必有邻"。一个人如果能专注于手头的工作和学习的话，那么，他便能沉浸在自己的世界中，又怎会感到孤独呢？举个很简单的例子，炎炎夏日，农夫思考如何把稻子割完、学生一心要读完一本书，他们都是充实的，只有无所事事的人，才会觉得内心空虚、寂寞，需要与人为伴。

可见，学会自我调节，学会享受一个人的寂寞，有一颗平静的心，做好你自己，我们的生活就会更加成熟、更加深沉、更加充实。

## 保留一颗平常心，别让年轻的生命在焦虑中失去色彩

有人说过这样的话，人生的冷暖取决于心灵的温度。然而，现今忙碌的、紧张的生活令人们焦虑不安。很多人常常担忧：我要是失业了怎么办？这个月的房贷又该还了，我好像又老了……令人们焦虑的问题实在太多了，当这些问题一直纠缠着我们，哪有快乐可言？而那些快乐者，他们始终能淡然面对

 相信自己我很棒

一切，每天都开心地生活。

对于青少年朋友来说，可能你每天都面临着各种各样的焦虑，比如，考不上一所好大学怎么办？考试前生病了怎么办？新同学不喜欢我怎么办……但无论如何，这都是未发生的事，此时的你只有摆脱这些恐惧和焦虑，才能以最好的状态迎接明天。

德国的一位哲学家曾讲过这么一段话：没有什么情感比焦虑更令人苦恼了，它给我们的心理造成巨大的痛苦。而焦虑并非由实际威胁所引起，其紧张惊恐程度与现实情况很不相称。追求快乐是人类的本能。因此，通常来说，焦虑是无谓的担心。我们要想彻底摆脱使人苦恼的焦虑，就要选择平静身心。

沐浴和煦的春风，师傅带着小和尚来到寺庙的后院，打扫冬日里留下的枯木残叶。小和尚建议说："师傅，枯叶是养料，快撒点种子吧！"

师傅曰："不着急，随时。"

种子到手了，师傅对小和尚说："去种吧。"不料，一阵风起，撒下去不少，也吹走不少。

小和尚着急地对师傅说："师傅，好多种子都被吹飞了。"

师傅说："没关系，吹走的净是空的，撒下去也发不了芽，随性。"

刚撒完种子，飞来几只小鸟，在土里一阵刨食。小和尚连轰带赶，然后向师傅报告说："糟了，种子都被鸟吃了。"

师傅说："急什么，种子多着呢，吃不完，随遇。"

半夜，一阵狂风暴雨。小和尚来到师傅房间哭着对师傅

## 第1章 心向阳光，青少年要拥有向上的力量

说："这下全完了，种子都被雨水冲走了。"

师傅答："冲就冲吧，冲到哪儿都是发芽，随缘。"

日子一天天过去，昔日光秃秃的地上长出了许多新绿，连没播到的地方也有小苗探出了头。小和尚高兴地说："师傅，快来看呐，都长出来了。"

师傅依然平静如昔，说："应该是这样吧，随喜。"

这则故事告诉我们，人生无常，只要我们保持内心平静，那么，无论外在世界如何变幻莫测，我们都能坦然面对，不为情感所左右，不为名利所牵引，从而洞悉事物本质，完全实事求是。

从这里，我们可以看到，内心安宁，人们就会活得更轻松。同时，内心安宁、不焦虑也是让我们不断前进的保证。相反，面对激烈的竞争，面对瞬息万变的环境，那些内心焦虑的人往往看不清真正的自己，也就不能及时察觉自身的缺点，不能尽快调整自己的发展方向，就必然在学业和事业中落伍，被残酷的竞争淘汰。

### 心灵启示

青少年朋友们，你是个焦虑的人吗？你是否很容易忧虑？你是否像林黛玉一样多愁善感？你是否因为天气不好而心情烦躁？你是否会莫名其妙地悲观沮丧？每当周围有人在吵架，即使与你无关，你也会变得烦躁、紧张？你是否经常感到惶恐不安？面对众多的选择，你是否无所适从，很难下定决心？如果

你有三个以上的答案都是肯定的,那么,显而易见,你是一个对外部环境非常敏感的人,你很容易受到外界的影响。

对此,你应积极寻求克服焦虑的心理策略,下面的自我调节方法或许有助于你早日摆脱焦虑。

1. 挖掘出引起焦虑和痛苦的根本原因

研究发现,很多焦虑症患者患病是有一个过程的,他们的潜意识中长期存在一些被压抑的情绪体验,或者曾经受过某种心灵的创伤,并且,这些焦虑症状早以其他形式体现出来,只是患者本人没有对自己的情况引起重视。因此,生活中的我们,一旦发现自己有焦虑情绪,就应该学会自我调节、自我调整,把意识深层中引起焦虑和痛苦的事情发掘出来,必要时可以采取适当的方法发泄,发泄之后症状可得到明显减缓。

2. 尽可能地保持心平气和

有句俗语叫:欲速则不达。要摆脱焦虑最忌急躁,当然,对于那些患焦虑症的人,这是有一定难度的。

3. 必须树立起自信心

那些易焦虑的人,通常都有自卑的特点。遇事时,他们多半会看低自己的能力而夸大难度;而一旦遇到挫折,他们的焦虑情绪和自卑心理更为明显,因此,我们在发现自己的这些弱点时,应该引起重视并努力加以纠正,绝不能存有依赖性,等待他人的帮助。树立了自信心就不害怕失败,如果十次之中成功了一次,就会增添一份自信,焦虑也退却了一步。

第1章　心向阳光，青少年要拥有向上的力量

## 青少年一旦抱怨，就是浪费生命

生活中，我们常常听到身边的人抱怨："哎！工作太累，天天都有干不完的活，连喘口气的机会都没有！""看看我们公司的那伙人，那是什么素质简直没法说！""我们家那位一天只知道挣钱，连结婚纪念日都忘记了。""我怎么就生了一个这么笨的儿子，学习上好像从来不动脑子。"……抱怨就像瘟疫一样在我们周围蔓延，愈演愈烈。在他们看来，自己似乎不曾遇过顺心的事。无论何时，你都能听到抱怨连连，因为抱怨，他们不仅使自己很烦躁，也使别人很不安。然而，生活中，喜欢抱怨的青少年数不胜数，他们抱怨学习太累、父母太唠叨，甚至抱怨饭菜太差、衣服太难看等。而实际上，抱怨对于事情的解决毫无益处，它只会让我们在忙碌中兜圈子，相反，如果我们能心平气和地正视问题，理清自己的思绪，那么，就很容易找到解决问题的方法。

小李高考落榜后，在一家汽车修理厂工作。从他工作的第一天开始，他就对自己的工作不满，他不断抱怨："修理这活太脏了，瞧瞧我身上弄的。""真累呀，我简直讨厌死这份工作了。""要不是考试中出了点失误，我现在都是名牌大学的学生了。干修理这活太丢人了！"

每天，小李都在煎熬和痛苦中过日子，但他又害怕失去这份工作，于是，只要师父不在，他就偷懒耍滑，得过且过。

几年过去了，与小李一同进厂的三个工友，凭着各自的手

**相信自己我很棒**

艺，或另谋高就，或被公司送进大学进修了，唯有小李，仍旧在抱怨声中，做他蔑视的修理工。

可见，无论我们做什么事，要想取得成绩，都必须投入全部的热情，如果你也像小李那样鄙视、厌恶自己的工作，对它投以"冷淡"的目光，那么，即使你从事的是最不平凡的工作，你也不会有所成就。

为什么抱怨的人会说生活得这么累，因为他只看到自己的付出，而没有看到自己的所得；而不抱怨的人即使真的很累，也不会埋怨生活，因为他知道，失与得总是同在的。一想到自己所得，他就会很高兴。的确，抱怨只会让我们浪费大把的时间，因为它会破坏我们原本积极的潜意识。你可能有过这样的体会，只要我们的头脑中有一丝抱怨，那么，我们手中的工作就会不由自主地变慢，然后为自己鸣不平、讨公道，甚至抱怨老天不公。在这种坏心情的影响下，不仅我们的工作和生活都受到了影响，我们的心态也会改变。而真正的勇者，他们从不抱怨，他们总是淡定、冷静地看待世界，审视自己，最终成就自己。

其实，没有一种生活是完美的，也没有一种真正让人满意的生活。如果我们不抱怨，而是以一种积极的心态去努力进取，那么，收获的将更多；而我们一旦养成抱怨的习惯，就像搬起石头砸自己的脚，于人无益，于己不利，于事无补，生活就成了牢笼一般，处处不顺时时不满。所以，每个人都应该认识到：自由地生活着，其实本身就是最大的幸福，哪有那么多

16

抱怨呢？

因此，青少年朋友们，无论你的情况如何，都不要抱怨，不要抱怨你的家境不好，不要抱怨父母对你不够好……生活是你的朋友，不是你的敌人。生活总有那么多不如意，就算生活给你的是垃圾，你也要努力把垃圾踩在脚底下，登上世界巅峰。

### 心灵启示

事实上，没有一种令人十分满足的生活。如果我们动不动就抱怨，不以一种积极的心态去解决问题，那么，就等于搬起石头砸自己的脚，于人于己于事都不利。

所以，你应该认识到，社会中，每个人都应该各司其职，都应该有自己的生活，无论是学习还是做其他事，这都是实现人生价值的方式，也是我们幸福的源泉，既然如此，那还有什么可抱怨的呢？

## 青少年学会释放，将内心的压力宣泄出来

青少年朋友们，在生活中，你是否遇到过这样的情况：清晨六点钟的闹钟就把你惊醒，你很想再睡一会儿懒觉，但母亲已经敲门了，你在七点之前必须赶到学校，草草吃了早饭、挤上了去学校的公交车，但你还是迟到了十分钟，你被老师点名

相信自己我很棒

批评,当你打开书包,结果发现昨天的作业又忘带了……你倍感委屈,生活怎么这么艰辛?

其实,在生活和学习中,类似于这种影响人们心情的事情实在太多,如果我们处理不当,就有可能酿成人生惨剧。当然,如果一味地压制这些负面的心情,问题也不会因此解决,同时,积压在身体内部的负面能量会不利于我们的身心健康,比如引发头痛、胃病等,所以心情不好时千万不要压抑自己。

袁先生原本有个美满的家庭,有个美丽的妻子。但就在他30岁那年,命运跟他开了个玩笑,刚怀孕五个月的妻子在家中滑了一跤导致流产,后来,妻子被诊断患有不孕症。整天郁郁寡欢的妻子又在一次交通意外中丧生。一段时间下来,袁先生早已心力交瘁,但他还坚持努力工作,并担任了几个小公司的兼职顾问,虽然很劳累、很操心,甚至很压抑,但是他从不曾流过一滴泪,朋友都夸袁先生是条硬汉!

后来,袁先生感觉自己的头总是很疼,吃了一些头疼药也无济于事,后来,朋友推荐他去求助一位心理医生。心理医生告诉他,他内心的悲痛压抑太久了,如果想哭,就哭出来。在医生的建议下,他将压抑已久的苦楚全部以泪水的形式宣泄了出来,整个人也轻松了很多。

这里,我们发现,袁先生出现头疼的症状,与其长期压抑自己的悲痛心情有关,而通过哭泣,他的苦楚得到了宣泄,自然感到轻松很多。

第1章 心向阳光，青少年要拥有向上的力量

## 心灵启示

的确，生活中，我们都会遇到一些令心情不快甚至突如其来的变故，青少年朋友也不例外。当陷入消极情绪而难以自拔时，我们不能一味压抑情绪，而应该适时找到宣泄的方式，这样才能及时卸下包袱，轻装上路！以下几种方法能够帮助你释放坏心情：

1. 倾诉法

当你觉得内心憋闷、心情抑郁时，可以选择倾诉的方式来排遣，倾诉的对象可以是你的朋友、同学，也可以是你的亲人。消极情绪得以发泄后，精神就会放松，心中的不平之事也会渐渐消除。当然，向朋友、亲人倾诉必须有一个前提，那就是他们要有一定的抗压能力。

曾有专家建议："无论是朋友，还是亲人，你都可以依赖。但是，你必须找到在你压力大时，真的能帮助你的人。"如果你的朋友抗压能力还不如你，那么，对于你的苦恼，他是帮不上忙的，甚至他的心情也会被你传染。

2. 哭泣

长时间以来，人们都认为，哭对人的健康有害。然而，新近科学家们的实验与研究却给了我们一个迥然不同的结论：哭对缓解情绪压力是有益的。

心理学家曾经做过这样一个实验：有这样一群人，心理学家将他们分成两组，一组是血压正常者，一组是高血压者，心

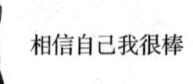 相信自己我很棒

理学家分别问他们是否哭泣过,结果表明,血压正常的人中,有87%的人偶尔哭过,而那些高血压患者却说自己从不流泪。这里,我们发现,抒发情感比将悲伤深深埋在心里有益得多。

面对突如其来的灾祸、精神和身体上的打击,你都可以选择一个合适的场所放声大哭,这是一种积极有效的排遣紧张、烦恼、郁闷、痛苦情绪的方法。

3. 摔打安全的器物

如枕头、皮球、沙包等,狠狠地摔打,你会发现当你精疲力竭时,内心多么畅快。

4. 高歌法

唱歌尤其是高歌除了愉悦身心外,还是宣泄紧张和排解不良情绪的有效手段。

的确,青春期是容易引发心理问题的阶段,任何一个正处于青春期的朋友,都应该学会释放自己,只有时刻以积极、阳光的心态面对生活和学习,你才能拥有一个快乐的青春期!

## 无须紧张,青少年学会凡事轻松面对

我们都知道,每个人的一生,总会遇到一些让我们紧张的事,比如,当众演讲、表演、面试等,我们常常会因为这些小事而坐立不安。实际上,问题的好坏还在于我们的心态,如果我们用轻松的心态面对,那么,结局往往是利于我们的,你越

第1章　心向阳光，青少年要拥有向上的力量

紧张，情况就越糟。

对于青少年朋友而言，你要学会修炼自己泰山压于前而面不改色的淡定心态，这样，你就能以最佳的状态去解决各种问题。

玲玲从小就是个爱笑的女孩，现在的她已经上初三了。尽管中考临近，但她似乎一点也不紧张，每天还是笑容满面的，她的妈妈都不知道她每天怎么有那么多开心的事。她的回答是："我长得不比别的女孩差，成绩也不是很差，难道我要哭丧个脸吗？"听到女儿这么说，玲玲爸爸很高兴，因为女儿很自信。

事实上，玲玲的学习成绩并不是很好，一直在中游徘徊，从小学开始就这样。但不知道为什么，一到大考，她好像总比平时发挥得好，同学们问她是怎么做到的，她的回答是："因为我相信自己能考好，没什么可担心的。"

中考很快来了，这天，当大家都忧心忡忡地进入考场时，玲玲还是和平时一样轻松坦然。成绩发布后，不出大家所料，玲玲顺利考入了该市的一所重点高中。

故事中的主人公玲玲为什么运气那么好、逢大考必过？这与她的心态放松不无关系。

这个小故事告诉所有青少年朋友，很多时候，在你看来可能很严重的问题，实际上并没有那么糟糕，只要你换个心情、换个角度，那么，你看到的就是另外一道风景。

## 心灵启示

青少年朋友们，当出现紧张的情绪反应时，有效的调适方

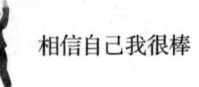

相信自己我很棒

法应该是:

1. 坦然面对和接受自己的紧张

你应该想到自己的紧张是正常的,很多人在某种情境下可能比你更紧张。不要与这种不安的情绪对抗,而应体验它、接受它。要训练自己像局外人一样观察你紧张的心理,注意不要陷入其中,不要让这种情绪完全控制你:"如果我感到紧张,那我确实就是紧张,但是我不能因为紧张而无所作为。"此刻你甚至可以选择和你的紧张心理对话,问自己为什么这样紧张,自己所担心的最坏的结果可能是怎样的,这样你就能正视并接受这种紧张的情绪,坦然从容地应对,有条不紊地做自己该做的事情。

2. 积极暗示

德国人力资源开发专家斯普林格在其所著的《激励的神话》一书中写道:"人生中重要的事情不是感到惬意,而是感到充沛的活力。""强烈的自我激励是成功的先决条件。"所以,学会自我激励,就要经常告诉自己,我相信自己可以做到。如果你的心被自卑占据,那么,你已经输了。树立自信,那么即使面对逆境,也能泰然自若。这种强而有力的信心,事实上便来自自信。换言之,自信是力量增长的源泉。

3. 做一些放松身心的活动

具体做法是:

(1)选择一个空气清新,四周安静,光线柔和,不受打扰,可自如活动的地方,选择一个自我感觉比较舒适的姿势,

第1章 心向阳光，青少年要拥有向上的力量

站、坐或躺下。

（2）活动一下身体的一些大关节和肌肉，速度要均匀缓慢，动作不一定规范，只要关节放开，肌肉松弛就行了。

（3）做深呼吸，慢慢吸气然后慢慢呼出，每当呼出的时候在心中默念"放松"。

（4）将注意力集中到一些日常物品上，比如，看着一朵花、一点烛光或任何一件柔和美好的东西，细心观察它的细微之处。点燃一些香料，微微吸它散发的芳香。

（5）闭上眼睛，着意去想象一些恬静美好的景物，如蓝色的海水、金黄色的沙滩、朵朵白云、高山流水等。

（6）做一些与当前具体事项无关的自己比较喜爱的活动，比如，游泳、洗热水澡、逛街购物、听音乐、看电视等。

所以，当你遇到问题时，请以轻松的心态去观察、去思考，你就会发现，事情远没有想象得那样糟糕！

## 青少年要告别浮躁，让心静下来

在人生旅途中，很多人为明天而忧虑，他们担心明天的生活，明天的工作，但实际上，这只不过是杞人忧天，我们谁也无法预料明天，我们所能掌控的只有当下。

青少年朋友，也许你也在担心很多问题，比如自己的学业、以后的前途等，但你需要记住的一点是，现阶段的你，最

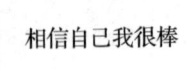
相信自己我很棒

大的任务就是学习。而要想学习效率高,你就必须让心安宁下来。"世界上怕就怕'认真'二字。"说的就是如果我们能安下心来认真做一件事情,就没有做不好的。我们先来看下面一个案例:

周末这天,宁宁在房间做作业,不知道为什么,他总是静不下心来,甚至看到书本上的字就烦,刚好,这会儿又是邻居小雅练钢琴的时间,他甚至感觉到了小雅敲击琴键的声音,他还听到了楼底下大妈、阿姨们说话的声音,这些都充斥在他的耳朵里,他很厌烦。

这会儿,爸爸敲了敲门,走了进来,看到宁宁烦躁不安的样子,便问:"孩子,怎么了?"

"爸,外面太吵了,我根本写不进去作业。"宁宁说。

"是吗?其实每个周末外面都有这样的动静,有时候小区搞活动比今天还热闹,当时,你不还是安安静静地学习吗?"

"您说的也是,那我今天是怎么了?"

"其实,你学不进去是因为心不静,学习最重要的是静下心来。你现在这样可能和马上中考有关,你害怕自己考不好,我看你这几天睡也睡不好,吃也吃不下,想必都是因为这个吧。放下考试的压力,也许你就能心平气和了。"

"爸爸你说得对,但我该怎么减压呢?"

"你的压力就是中考这件事,其实,我和你妈妈从来没有要求你必须考上重点高中,你无需紧张,早上我还说带你去郊区的农庄走走,你说要做作业,我只好作罢。现在说好了,下

# 第1章 心向阳光，青少年要拥有向上的力量

周我带你去逛街，你不是看上了一双帆布鞋吗？买完东西我们再去看场电影，好不好？"

"嗯，听爸爸的……"

看到宁宁舒心的笑，爸爸终于放心了。

故事中的宁宁为什么在学习时总是静不下心来？是因为外部环境太吵闹吗？当然不是，正如他父亲所说的，环境还是那个环境，只是心中有事，才静不下心来。其实，不仅是学习，无论做什么事，只有放下心中事，不再忧虑，才能做到"身心合一"。

## 心灵启示

那么，对于青少年朋友们来说，怎样才能让心安宁、不再忧虑呢？

1. 尝试着让自己安静下来

如果你的心无法安静的话，你可以尝试着换一下环境，然后闭上双眼，深呼吸，慢慢地放松，多尝试几次效果更好。

2. 对于复杂的问题多问问自己

如果你想的问题过于复杂，可以尝试着问自己，自己想这个问题究竟为什么，是什么让自己变成这样，几次之后，你就了解了自己的困惑，从而从心底去除这个杂念。

3. 养成良好的睡眠习惯

如果你是"夜猫子"型的，奉劝你学学"百灵鸟"，按时睡觉按时起床，养足精神，提高白天的学习效率。

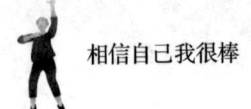 相信自己我很棒

4. 学会自我减压，别把成绩的好坏看得太重

一分耕耘，一分收获，只要我们平日努力了，付出了，必然会有好的回报，又何必让忧虑占据心头，去自寻烦恼呢？

5. 学会做些放松训练

舒适地坐在椅子上或躺在床上，然后向身体的各部位传递休息的信息。先从左脚开始，使脚部肌肉绷紧，然后松弛，同时暗示它休息。随后命令脚脖子、小腿、膝盖、大腿，一直到躯干休息，之后，再从右脚到躯干，然后从左右手放松到躯干。这时，再从躯干到颈部、头部、脸部全部放松。这种放松训练，需要反复练习才能较好地掌握，而一旦你掌握了这种技术，会使你在短短的几分钟内，进入轻松、平静的状态。

总之，当你心中忧虑、无法安宁下来、倍感苦恼时，相信以上几点方法能帮助你放松心情。

## 第2章
# 自我调节,青少年别沦为消极情绪的奴隶

我们都知道,人是情绪化的动物,情绪对我们的生活和命运具有决定性作用。积极的情绪会引导我们以正确、恰当的方法做人做事,走向成功;相反,在消极情绪的引导下,我们可能会做错事而追悔莫及。青春期离不开情绪化,青少年朋友的情绪很容易受周围的人和事影响,因此,每一个青少年朋友,都必须学会做自己情绪的主人并掌握一些摆脱坏情绪的方法,只有这样,你才能避免因不当的发泄给自己和他人造成困扰。

相信自己我很棒

## 冲动是魔鬼，发怒前要三思

　　生活中，我们经常会遇到一些令人气愤的事，那些心胸宽大的人都能控制好自己的情绪，操纵好情绪的转换器，不仅显其大家风范，获得尊重和敬仰，也会收获很多快乐。

　　马克·吐温说："世界上最奇怪的事情是，小小的烦恼，只要一开头，就会渐渐地变成比原来厉害无数倍的烦恼。"而对于智者来说，面对烦恼，他们不会愤怒，因为他们深知，愤怒是十分愚蠢的行为，只会让自己陷入恶性循环之中。

　　对于青少年朋友来说，应把控制自己的情绪、抑制自己的愤怒作为修炼自己良好性格的重要方面。当你遇到了不快的事情即将发火时，请告诉自己，如果我原谅他了，我的品质又提升了一步，这样自然就压制了要发火的倾向。

　　一位德高望重的长者，在寺院的高墙边发现一把座椅，他知道有人借此越墙到寺外。长老搬走了椅子，凭感觉在这儿等候。午夜，外出的小和尚爬上墙，再跳到"椅子"上，他觉得"椅子"不似先前硬，软软的甚至有点弹性。落地后小和尚定睛一看，才知道椅子已经变成了长老，原来他跳在长老的身上，后者是用脊梁来承接他的。小和尚仓皇离去，这以后一段日子他诚惶诚恐等候着长老的发落。但长老并没有这样做，压根儿没提及这"天知地知你知我知"的事。小和尚从长老的宽容中获得启示，他收住了心再没有去翻墙，通过刻苦的修炼，成了寺院里的佼佼者，若干年后，成了寺院的长老。

这个小故事我们早已耳熟能详，但它却一直向生活中的每个人昭示着一个道理：宽容精神是一切事物中最伟大的行为。我们在接受别人的长处之时，也要接受别人的短处、缺点与错误，这样，我们才能真正地和平相处，社会才会和谐。

英国著名作家培根曾经这样说过："愤怒，就像是地雷，碰到任何东西都一同毁灭。"如果你不注意培养自己忍耐、心平气和的性情，一旦遇到导火线就暴跳如雷，情绪失控，就会把你最好的人缘全都炸毁。

而对于青少年朋友来说，控制自己的愤怒情绪尤为重要。的确，青春期是一个负重期，现在的你，每天都面临众多压力和挑战：

一方面，身体的发育使你身体内部发生很大变化，每天都处于情绪即将爆发的状态；

另一方面，强大的学习压力，上课、做题、背书、考试等每天都会充斥在你的脑海中，心理压力较大。

更重要的是，随着青春期的到来，青少年朋友对外在世界了解的欲望越来越强，每天接触的人和事也越来越多，各种各样的信息纷至沓来，这就使他们需要处理的问题越来越多，越来越复杂。每个青少年的血液里都流淌着亢奋的血液，青春期的他们喜怒形于色，不像成年人那样善于控制或掩饰自己。在

**相信自己我很棒**

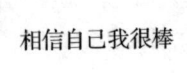

与人交往的过程中，一旦产生矛盾，很容易爆发，这也就是为什么很多青春期的孩子总爱发火。

所以，每一个青少年朋友，都需要告诉自己"发火前长吁三口气"，事实上，很多事情都没有想象得那么严重。如果不能控制自己的情绪，随意大发脾气，不仅解决不了问题，还会伤了和气。

## 心灵启示

那么，如何完美地处理生活中遇到的愤怒呢？

1. 认识自己发怒的原因

当你的情绪稍微冷却以后，你可以试着查找自己发怒的原因。你是否因为同学总是对你的体重或发型冷嘲热讽而气恼不已？是否你的朋友在背后说了你的坏话？事先想好发生这种情况时消除怒气的方法。

2. 使用建设性的内心对话

赫尔明指出："许多怒火中烧的人不分青红皂白责备任何人和事，什么车子发动不了啦，孩子还嘴啦，别的司机抢了道啦之类。使怒气徘徊不去的是你自己的消极思维方式。"既然想法是导致情绪的主因，那么，如果你是个容易愤怒的人，就应该加强内心的想法，准备一些建设性的念头以备不时之需。例如，"我在面对批评时，不会轻易地受伤""不论如何，我都要平静地说，慢慢地说"等。

当你能熟练运用这些灭火步骤时，你就会发现，自己花在生气上的时间越来越少，而花在完成工作上的时间，也就相对地越来越多了。必定有用！只要你肯去试。

3. 不要说粗话

不管你说的是"傻瓜"还是更粗野的词语，一旦开口辱骂，就把对方列为了自己的敌人。这会使你更难为对方着想，而互相体谅正是消弭怒气的最佳秘方。

的确，愤怒是一种大众化的情绪——无论男女老少，愤怒这种不良情绪都在毒害着我们的生活。因此，如果你常常动怒，那么，最好学会以上几点调节情绪的方法，从而熄灭愤怒的火焰。

## 与其做嫉妒他人的少年，不如从现在开始奋斗

我们都知道，生活于一定群体中的人，往往会不自觉地与周围的人进行比较，比较就有差异，于是，人们很容易产生忌妒心理。美国著名心理学家布鲁纳曾经指出，好胜的内驱力可以激发人的成就欲望，但如果不能正确地认识竞争就会导致人们在相互竞争中产生忌妒心理。忌妒过于强烈，任其发展，则会形成一种扭曲的心理：心胸狭窄，喜欢看到别人不如自己，并喜欢通过排挤他人来取得成功。

所以，任何一个青少年朋友，都应该积极参与同学、朋友间的竞争，但千万别让妒火焚伤自己。

相信自己我很棒

这天，在某小区门口，两个中年妇女在讨论自己的孩子："现在的孩子，怎么小小年纪就有忌妒心呢？对门张姐的女儿成绩好，我无意中夸了一句，女儿就愤愤不平地说：'老师包庇她。'起初我并没当回事。期末考试前，那女孩的几张复习试卷丢了，就来我们家，向我女儿借试卷复印，女儿一口咬定卷子借给表妹了。可是女儿根本就没有表妹，而且，那天晚上，我看见女儿的书桌上竟然有两份复习试卷，很明显，那女孩的试卷被女儿偷了。我当时真是六神无主了，女儿怎么会这样呢？我意识到问题的严重性，焦虑万分，因为任何思想成熟的人都明白忌妒是思想的暴君，灵魂的顽疾，我想帮助女儿改掉忌妒的陋习，可我真不知道该怎么办。"

的确，对于青春期的孩子来说，他们已经有了升学的压力，开始明白了竞争的重要性，同时，也会不自觉地与他人作比较。一旦发现自己在才能、体貌或家庭条件等方面不如别人时，就会产生一种羡慕、崇拜、奋力追赶的心理，这是上进心的表现。但同时，因为青春期孩子心理发展尚未成熟，对自己各方面能力还认识不足，遇上比自己能力强的人就会感到不安，很容易产生忌妒心理。忌妒是对才能、成就、地位以及条件和机遇等方面比自己强的人，产生的一种怨恨和愤怒相交织的复合情绪，也就是通常所说的"红眼病"。

你是否有过这种感觉，当你和比自己优秀、比自己强的朋友相处时，会不会产生心理不平衡——"和她做朋友，感觉自己像个小丑一样，简直是她的附属品"呢？如果你的内心充满忌妒，那么，这样的友谊，表面上还相安无事，但你的内心开始有一块阴云笼罩着，一旦出现一些小事，就一触即发。两人之间的友谊会消失得越来越快。实际上，绝对的公平并不存在，如果你不能清除这种不平衡心理，就不能以一种轻松的心态去面对你的朋友。

所以，尚在成长的青少年朋友们，你应该学会正确地看待他人的成绩，应该学会赶超，切勿忌妒。

## 心灵启示

要消除忌妒心理，你需要做到：

1. 认识到忌妒心理的危害

人与人相处，难免会相互比较，比较之下，就容易产生忌妒心理。日本《广辞苑》为忌妒下的定义是："忌妒是在看到他人的卓越之处以后产生的羡慕、烦恼和痛苦。"要知道，忌妒之心会毁坏友谊，损害人际关系，甚至毁灭了生活的安逸。

2. 努力克服忌妒心理

具体来说，你应该做到：

（1）努力学习是获胜的基础。要想在竞争中获胜，必须通过努力学习，掌握比别人过硬的本领。

（2）承认差异，奋进努力。现实中的人必然是有差异的，不是表现在这方面，就是表现在那方面。一个人承认差异就是承认现实，要使自己在某方面好起来，只有奋进努力，忌妒于事无补，而且会影响自己的奋斗精神。

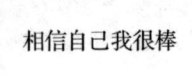

（3）拓宽自己的心胸。好胜是个人心理结构中"我"的位置过于膨胀的具体表现。总怕别人比自己强，对自己不利。只有摒除私心杂念、拓宽自己的心胸，才能正确地看待别人，悦纳自己，即常说的"心底无私天地宽"。

（4）形成正确的自我认识。青春正是身心发展的阶段，应该学会全面地看问题，因此，青少年朋友要学会对自己和他人进行正确的评价，"金无足赤，人无完人"，每个人都有自己的长处，也有自己的不足。父母不但要正确地认识孩子，还要帮助孩子形成正确的自我认识。

（5）充实自己的生活。如果学习、生活的节奏很紧张、很充实也很有意义，你就不会把注意力局限在忌妒他人身上。因此，你应该学会充实生活，多参加一些有意义的活动，转移注意力，把精力放在学习和其他有意义的事情上。

（6）快乐之药可以治疗忌妒。你要善于从生活中寻找快乐，正像忌妒者随时随处为自己寻找痛苦一样。如果一个人总是想：比起别人可能得到的欢乐，我的那一点快乐又算得了什么呢？那么，他就会永远陷于痛苦之中，陷于忌妒之中。

总之，青少年朋友们，在学习或者生活中，如果你的周围有比你优秀的朋友，千万不要忌妒，用心交友，以他人之长补己之短，你不仅能获得友谊，还能完善自己！

## 理性思考，青少年别让自己做出后悔的事

我们都知道，人非草木孰能无情。我们都是情绪化动物，我们心情的好坏常常被周围的一些人和事影响，有些人甚至是情绪化的，他们的情绪似乎总不受自己控制，于是，他们起伏于这种恶性失衡之中，常常陷入自相矛盾的境地，失去了正确的判断力。而那些成功者则能自控，无论外界怎么变幻，他们总能以理智的心态面对，他们有着很强的自律能力。青少年朋友们，现在的你们年轻气盛，容易冲动，但请记住：冲动是魔鬼，会让自己一败涂地，从现在起，一定要做到自制，理智思考并克制自己的情绪。

有这样一个故事：

曾经，有一个经验丰富的高级间谍被敌军抓住了，他想，自己要想逃脱，就必须装聋作哑。当然，敌军也怀疑他是否真的不会说话。于是，他们开始运用各种方法盘问他，无论是诱惑还是欺骗，他都不为所动。最后，敌军审判官只好说："好吧，看起来我从你这里问不出任何东西，你可以走了。"

这个间谍心里当然明白，这只不过是审判官检验他是否说谎的一个方法而已。因为一个人在获得自由的情况下，内心的喜悦往往是抑制不住的，如果他听到审判官的话后立即表现出很愉快或者激动，证明他听得到审判官的话，那么，他就不打自招了。因此，他还是站在原地，反复审问还在进行。最后，这名审判官不得不相信，他真的不是间谍。

相信自己我很棒

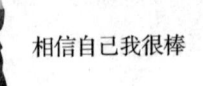

就这样，有经验的间谍，以他特有的自制力，生存了下来。

看完这个故事，我们不得不惊叹，故事的主人公是一位多么精明的间谍。俗话说：态度决定一切。这就是说，一个人的情绪糟糕，容易冲动，往往把一切事情都办砸。即使遇到了好事或良机，也会因为不良的情绪，产生无形的压力，阻碍自己的能力充分发挥，错过这些机遇。

## 心灵启示

的确，生活中，我们难免遇到各种各样的事情，难免会冲动，做一些不该做的事情，从而产生许许多多的埋怨！因此，不管遇到什么事情，让自己冷静地思考一下，哪怕只是短短的几秒钟，也许结果就会完全不一样了！

具体来说，你需要做到：

1. 冷却情绪

美国一位社会心理学家对容易发怒的人提出了这样一个建议：试试推迟你的动怒时间。一旦你意识到可以推迟动怒时间，你便学会了自我控制。推迟动怒也就是控制愤怒。经过多次练习后，你便知道如何消除愤怒。

在气头上，你很容易因冲动而做出一些错事，为此，你首先应该冷静，为自己的情绪降温。具体来说，你可以尝试以下几种方法：

（1）"数数法"。不过这里的数数，并不能按照常规数字顺序，因为这样做并不会启动我们的理性程序，而应该打乱顺序，比如，1、4、7、10……这样一来，你的理性思考能力就可渐渐恢复了。

（2）描述法。比如，你可以这样描述，这个茶杯是黄色的……他穿的毛衣是黑色的……数十至十二项物体的颜色，之后你会发现自己冷静多了。

2. 理智思考，替换非理性的"自发性念头"

你要明白的一点是，真正让你产生不良情绪的，是我们的想法，而不是别人的行为。换句话说，不是发生了什么事，而是我们如何解释事件，决定了产生的情绪类型。

例如，你可以告诉自己："我知道我的能力是极佳的，不会因为你一句话而影响我！"这样自我暗示，愤怒自然就被其他情绪替代。

3. 你可以使用建设性的内心对话

既然想法是导致情绪的主因，容易动怒的人就应该加强内心的想法，准备一些建设性的念头以备不时之需。

例如，"不论如何，我都要平静地说，慢慢地说。""我才不会生气，生气就等于暴露了自己"等。

总之，如果你能掌握以上几点控制冲动情绪的方法，那么，不管遇到什么事情，也不管别人如何"挑衅"，你都能保持冷静的头脑。

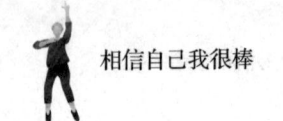

## 超越自卑，做自信少年

俗话说：金无足赤，人无完人；能否接纳自己是衡量一个人心理状况是否积极和健康的一项重要指标。生活中，很多人因为自己的一些缺点而感到自卑，甚至一蹶不振。其实，如果一个人足够自信的话，这些缺点也是美的。因此，无论何时，我们都要丢掉自卑，肯定自己，才能放松心情。

新时代的青少年朋友们，如果你也是个自卑的人，那么，从现在起，你必须重新认识自己，打破自卑的枷锁，找回自信。

1942年，史蒂芬·威廉姆·霍金出生于英格兰。很难想象，年仅20岁的他就患上一种肌肉不断萎缩的怪病，整个身体能够自主活动的部位越来越少，以致最后永远地被固定在轮椅上。可他并没有因此而中断学习和科研，一直以乐观的精神和顽强的毅力攀登着科学的高峰。

霍金从牛津大学毕业以后，长期从事宇宙基本定律的研究工作。他在所从事的研究领域中，取得了令世人瞩目与震惊的成就。

在一次学术报告上，一位女记者登上讲坛，提出一个令全场听众十分吃惊的问题："霍金先生，疾病已将您永远固定在轮椅上，您不认为命运对您太不公平了吗？"

这显然是个触及伤痛难以回答的问题。顿时，报告厅内鸦雀无声，所有人都注视着霍金，只见霍金头部斜靠着椅背，面带安详的微笑，用能动的手指敲击键盘。人们看到了这样一段震撼心灵的回答："我的手指还能活动，我的大脑还能思考；我有我终生追求的理想，我有我爱和爱我的亲人和朋友。"

报告厅里长时间响起了热烈的掌声，那是从人们心底迸发出的敬意和钦佩。

科学巨人霍金再次向我们证明：即使你满身缺点，你还有引以为豪的优点，这些优点一样可以让你自信。的确，没有人是毫无缺点的，只是在我们的内心，这个缺点或大或小，如果我们将缺点无限放大，那么，它将会腐蚀我们的心，阻碍我们成功；如果我们能正视缺点，并在心里把缺点限制在一定的范围内，它就会成为我们努力和奋斗的催化剂，助我们成功。

## 心灵启示

青春期的孩子们大部分时间都生活在集体中，自然很容易和周围的朋友、同学相比，当自己的某一方面不如他们的时候，自卑感油然而生，把这种不如人的想法积压在心中，甚至不愿意与朋友、同学相处。为此，青少年朋友们，你可以这样打破自卑的枷锁：

1. 运用补偿心理超越自卑

这种补偿，其实就是一种"移位"，即为了克服自己生理上的缺陷或心理上的自卑，而发展自己其他方面的长处、优势，赶上或超过他人的一种心理适应机制，正是这一心理机制的作用，自卑感就成了许多人成功的动力，成了他们超越自我的"涡轮增压"。

2. 昂首挺胸，快步行走

许多心理学家认为，人们行走的姿势、步伐与其心理状态有一定关系。懒散的姿势、缓慢的步伐是情绪低落的表现，是对自己、对工作以及对别人不愉快感受的反映。步伐轻快敏捷，昂首挺胸，会给人带来明朗的心境，会使自卑逃遁，自信顿生。

3. 学会微笑

我们都知道笑能给人自信，它是医治信心不足的良药。如果你真诚地向一个人展颜微笑，他就会对你产生好感，这种好感足以使你充满自信。正如一首诗所说："微笑是疲倦者的休息，沮丧者的白天，悲伤者的阳光，大自然的最佳营养。"

总之，我们要明白，站在人生的舞台上，你真实的表演并非为博得别人的掌声，更多的是为了自己心灵深处得到快慰。

4. 以自己的方式追求自我

的确，青春期充满个性张扬，尤其是初、高中阶段的你们更主张"个性解放"，因此，你完全可以留自己喜欢的发型、听自己喜欢的流行音乐、说家长们听不懂的流行话语……

总之，你要随时告诉自己：我是自信的，我是美丽的，我有实力，我的专业能力是最棒的！你必须有自信心，对认准的

第2章 自我调节，青少年别沦为消极情绪的奴隶

目标持之以恒，怀着必胜的决心，主动积极地争取！

## 过去的事已经过去，青少年不要陷入悔恨中

我们都知道，人无完人，都难免会犯错，但人也有懂得改错的优点，人们大多数都能从错误中吸取教训，找到错误的根源，从而避免再犯。因此，青少年阶段的你们，在错误面前，大可不必自责，而应该学会总结经验教训。你要明白的是，反思可以让你成长，但反悔无济于事。你需要做的就是，不断反思自己的过失，在反思中进步。

曾经有两个年轻人失业了，他们来找拿破仑·希尔，向他询问如何才能变得积极起来。他说："我记得刚开始时，我供职于一家信息报道公司，这家公司的待遇并不好，不过我已经很满足了。后来，公司因为业绩不怎么样，不得不裁员，像我这样对公司毫无用处的人自然就在裁员之列了。果然，不久后，我就收到了公司的裁员通知。刚开始，我真是万念俱灰，我失业了，我该怎么接受。但很快，我冷静下来，我发现，离开这个工作岗位是有好处的，因为我不喜欢这份工作，也不会有什么大作为，我只有离开这儿，才能找份好工作。果然，不久我便找到一个更称心的工作，而且待遇比以前好很多。因此我发现被辞退，确实是件好事。"

拿破仑·希尔总结，把失败转为成功，往往只需要一个

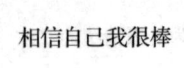

想法和一个行动。我们发现，那些成功者，他们都是勇敢的、理智的，即使遇到了困难，他们也不会退缩，而是化悲痛为力量，把困难当成提升自己的一次机会。

有人说，人生像一只口袋，当封上袋口的时候，人们发现，里面装的全是没有完成的东西和令人遗憾的东西。但即使如此，我们也不要一味地沉浸在悔恨和遗憾中，因为陷入悔恨中，你就无法取得新的进步。

英国也有一句名言：别为牛奶洒了而哭泣。这些都告诉我们：如果你在人生旅途上不小心栽了个跟头，请千万不要沉浸在失败的阴影中，要调整好自己的状态，继续走好以后的每一步，否则等待你的将是无尽的失败。

现实生活中的青少年朋友们，可能你们经常遇到这样的情况：某次考试你因粗心而成绩不佳、某次比赛中你因为疏忽而影响了整个团队的成绩，对此，你肯定很懊恼，但懊恼又有何用？不停地抱怨，不断地自责，你的心境只会越来越糟。尘世之间，变数太多。事情一旦发生，就绝非一个人的心境所能改变。伤神无济于事，郁闷无济于事，一门心思朝着目标走，才是最好的选择。相反，如果跌倒了就不敢爬起来，就不敢继续向前走，或者决定放弃，那么你将永远停滞不前。

## 心灵启示

每一个青春期的孩子，若想取得进步，就要走出悔恨和自责的心理误区，你应学会勉励自己："我要振作精神，跟命运搏斗，我要化痛苦为力量，设法有所建树。"实际上，在困难面前，我们停下来好好想想、歇歇脚步，自我反省一下，这更利于我们看到自己的不足。

当然，在你犯错之后，难免心情不佳，要化失败为动力，你可以采取以下方法：

（1）仔细分析现状，找到自己的问题，不要怪罪于任何人；

（2）重新制订一份计划，必须考虑到前一次失败的原因；

（3）不妨想象一下自己获得成果的欢愉场景；

（4）收藏那些让你不快的记忆，把它们变成你未来成功的肥料；

（5）重新出发。

你必须再三践行这五个步骤，才能如愿达成目标。重要的是每尝试一次，你就增加一次收获，并离目标更近一步。

总之，无论曾经犯下多大的错误，有过多少的失误都不能成为你们停滞不前的理由，只有收拾心情，尽力走好未来的每一步，才会有更美好的明天！

## 人群中也快乐，不做孤僻少年

我们都知道，人离不开社会，任何人都需要与人接触、交流，才能获得友谊和快乐。然而，我们发现，现实中有这样一类人：他们因容貌、身材、修养等因素而不敢与周围的人交往，逐渐产生孤僻心理。社会心理学家经过跟踪调查发现，在人际交往中，心理状态不健康者相对于心理健康者，往往更难获得和谐的人际关系，也无法从这种关系中获得满足和快乐。

周五的最后一节课，语文老师给大家布置了一篇话题作文，以"我最烦恼的事"为题目。第二周的作文课上，老师点评了一篇作文，是班上一个学习成绩较好的女生写的，其中有这么一段：

"我是一个女生，性格还是比较外向的，长相虽然算不上出众，但是自我感觉还可以。学习也不错，班里前十名，可就是人缘不好，可能是我比较好强，看到别的女生周围有一堆男女生和她说话，我就有点不自在。女生还好点，尤其是男生，好像都很反感我，看到他们和别的女生闹我也想去玩，可是却不知道怎样加入他们。听我一个好朋友说，她的同桌跟她说比较反感我，也没有说原因，还说不许我那个好朋友告诉我。虽然我知道了，可是我很无奈，也许是因为我不会说话的缘故吧。因为我真的不知道该怎样和男生们交谈，怎样才能让别的同学喜欢和自己说话，有共同语言。我到底该怎么办？"

可能很多青春期的孩子都为人际关系而苦恼，想与人交往，但又不敢迈出第一步，害怕被人笑话。其实，心理障碍是造成你人际关系不好的重要原因。孤芳自赏就是不健康心理的表现之一，究其原因，不外乎胆怯、害羞、自卑等。事实上，只要你大方一点，敞开心扉，摆脱孤僻的烦忧，你就能找到交往的乐趣。

第2章　自我调节，青少年别沦为消极情绪的奴隶

很多进入青春期的孩子都有这样一种体验：觉得自己是大人了，于是总想一夜之间成熟起来。可是无论是老师还是父母，总是把他们当成昔日的小孩子，就连平时很要好的同学，现在也没那么亲密无间、无话不谈了，自己一肚子的心事，不知道该和谁谈。

孤僻心理对于青少年自身发展和人际交往都不利。乐于和善于与人交往的人能和大多数人建立良好人际关系，在与人相处时态度积极，不忌妒、不冷漠，能很快适应新环境。人际交往是一门学问，青春期是培养交往能力的重要时期，是积累生活阅历和社会实践能力的重要时期。但一些青少年朋友，因为种种原因，把自己的活动限制在一定的范围内，更有甚者导致自闭症和交往恐惧症，严重影响青春期孩子的心理健康。只有克服这些心理障碍，才能走出交往的第一步。

## 心灵启示

那么，如何消除孤僻心理呢？你应注意做到以下几点：

1. 完善个性品质

其实，只要你拥有良好的交往品质，走出恐惧的第一步，就能受到朋友们的喜欢，慢慢地，心结也就解开了。"人之相知，贵相知心"。真诚的心能使交往双方心心相印，彼此肝胆相照，真诚的双方能使友谊地久天长。

2. 正确评价自己和他人

孤僻的人一般不能正确地评价自己，要么认为自己不如

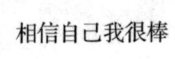

人，怕被别人讥讽、嘲笑、拒绝，从而把自己紧紧地包裹起来，保护着脆弱的自尊心；要么自命不凡，认为不屑于和别人交往。孤僻者需要正确地认识别人和自己，多与他人交流思想、沟通感情，享受朋友间的友谊与温暖。

首先要自信。话说，自爱才有他爱，自尊而后有他尊。自信也是如此，在人际交往中，自信的人总是不卑不亢、落落大方、谈吐从容，而非孤芳自赏、盲目清高。是对自己的不足有所认识，并善于听从别人的劝告与建议，勇于改正自己的错误。

3. 培养健康情趣

健康的生活情趣可以有效地消除孤僻心理。利用闲暇时间潜心研究一门学问，或学习一门技术，或写写日记、听听音乐、练练书法，或种草养花等都有利于消除孤僻。

4. 学习交往技巧

你可以多看一些有关人际交往类的书籍，多学习一些交往技巧，同时，可以把这些技巧运用到人际交往中，长此以往，你会发现，你的性格越来越开朗，你的人际关系越来越融洽，同时，你会收获不少知识，认知上的偏差也能得到纠正。

总之，你需要明白，人生是精彩的，但一个人是寂寞的，一个人的世界并不精彩，那么，何不敞开心扉呢？

## 少年不要仇恨他人，让心装满快乐

人类是这个世界上情感最为复杂的动物，人们宽容、善良，有爱心，但却有一些负面的情感，比如恨。仇恨是人类情感的毒素。我们看到，因仇恨所产生的报复在这个世界上随处可见。因为仇恨，有些人嗜杀他人的生命；因为仇恨，亲人间反目成仇；因为仇恨，朋友间老死不相往来。仇恨的后果是危害社会，伤害别人，也伤害自己。仇恨吞噬生命、肉体和精神的健康。冤冤相报是我们所不愿看到的。看穿历史和现实的愤懑仇恨，我们发现，仇恨已是往事，何必执拗？放下它，不仅释放了别人，更释放了自己。而那些心怀仇恨的人与奸诈的人看似不被别人伤害，但是"毒素"首先伤害的便是他们自己。

刚刚步入人生之路的青少年朋友们，要不断培养自己宽广的胸怀，以包容的心对待生活中的人和事，不让仇恨有可乘之机，那么，你不仅能得到他人的认可，更能获得快乐。

在热带海洋，有一种奇异的鱼，名叫紫斑鱼，它的奇异之处，并不是因为它身上的斑，而是它浑身长满了毒刺。

它们常常因为愤怒用这些刺去攻击其他海洋生物，它内心越是仇恨，这种刺散发的毒性就越大，对其他生物的危害就越大。从紫斑鱼的正常生理机能来看，一条紫斑鱼一般能活到七八岁，但实际上，紫斑鱼却活不过两岁，这是为什么呢？

问题还是出在这些毒刺上：紫斑鱼利用这些毒刺攻击其他

相信自己我很棒

生物时，越是满怀"仇恨"，对别的鱼类伤害越深，对自己的伤害也就越深，因为它心中的"怒火"使自己五脏俱焚，一命呜呼。

然而，世间万物，被自己所伤的，自己败给自己的，又岂止是紫斑鱼呢？那些总是满怀仇恨的人，那仇恨之火不也在伤害他们自己、毁灭他们自己吗？

仇恨就像一粒种子，它最终会结出人际间的不信任、敌意、怀疑之果。如果仇恨的种子被到处播散的话，那么，它不仅会危害到单个人的生活，还会影响到整个社会。心怀爱与悲悯之人，如同天使有着洁白的翅膀；而心怀仇恨之人，却如同魔鬼有着可憎的面目。人类历史上，战争、迫害、屠杀等各种残忍行为的不断上演，正是因为仇恨的存在。

有句话说："谨慎使你免于灾害，宽容使你免于纠纷。"青少年朋友们，在纠纷面前，你要学会宽容别人。宽容是种高尚的善意，他能使人换位思考，处理好人际关系。若无宽恕，生命将被永无休止的仇恨和报复所控制。只有善于团结，才会得到友善的回报！

## 心灵启示

当然，排解仇恨情绪是一个净化心灵的过程。你应学得宽容一些，不再那么容易受伤，这样才能防患于未然，不让仇恨之火轻易燃起。具体来说，你可以这样排解内心仇恨：

1. 转换角度，找出事情良性的一面

每件事情都有两面性，有好的一面，也有坏的一面。人之所以仇恨，就是因为人只看见了坏的一面，如果你试着向好的一面看，仇恨也许会消除。

在排解内心仇恨的时候，你可以尝试说服自己：他之所以这样做，是有一定缘由的，我应该原谅他。然后慢慢地让自己接受现实，从心底理解和原谅他人，进而使仇恨情绪随着时间的推移逐渐淡去。

2. 学会宽容，懂得忍耐

很多时候，我们都需要宽容，宽容不仅是给别人机会，更是为自己创造机会。只有忘记仇恨，宽宏大量，才能与人和睦相处，才会赢得他人的友谊和信任，才会赢得他人的支持和帮助。"念念不忘"别人的"坏处"最受其害的就是自己的心灵。

3. 找到令自己快乐的钥匙

在我们每个人的心中，都有一把"快乐的钥匙"，但很多时候，我们却把这把钥匙的掌管权交给了别人。的确，我们的情绪很容易被周围的人、事、物影响，但你千万要记住，让你快乐的，始终是你自己。如果你的内心开始"恨"一个人，那么，你不妨记住：生活中有太多的值得你去倾注热情的快乐之事，大可不必为自己的假想敌劳神费心。

总之，忘记仇恨，才能提高自己，开阔自己。学会了宽恕自己、宽恕别人，你才会活得如意、幸福。

# 第3章
## 心态提升，做自己最好的心理医生

我们都知道，现代社会，很多青少年朋友都成长于被父母和长辈呵护的家庭环境中，从而滋生了一些"心理问题"，诸如自私、冷漠、小气、有依赖心理、盲目攀比等，很明显，这样的青少年很难变得健康、快乐，也很难受人欢迎。因此，从现在起，青少年朋友们应该掌握一些治愈自己心理的方法，把自己历练得快乐、阳光、积极、坚强，这样你才能适应社会，获得成功。

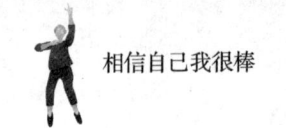

## 爱慕虚荣的青少年,你终会迷失自己

我们都有自尊心,然而,当自尊心受到损害或威胁时,或过于看重时,就可能产生虚荣心。对于青少年朋友来说,在成长的过程中,一定要克服虚荣心,形成好性格,否则,你就可能因为虚荣而使价值观和人生观扭曲,甚至通过炫耀、卖弄等不正当的手段获取荣誉与地位。这样的人往往是华而不实、浮躁的,在物质上讲排场、搞攀比;在社交上好出风头;在人格上很自负、忌妒心重;在学习上不刻苦。相信很多青少年朋友都读过法家作家福楼拜的代表作《包法利夫人》。

主人公艾玛一个富裕的农民的女儿,曾经在专门训练贵族子女的修道院读过书,尤其喜欢读一些浪漫派的文学作品。虽然现实生活很残酷,但是艾玛却经常沉浸在自己虚构的奢华生活中无法自拔。现实和虚幻世界的强烈反差,使她非常苦闷。成年之后,艾玛嫁给了包法利医生,但是,医生微薄的收入根本无法供她挥霍,而且,艾玛非常讨厌其貌不扬的包法利及其满足现状的个性。即使生了孩子,艾玛的母爱也没有苏醒。她一心一意、执迷不悟地贪图享乐,爱慕虚荣,竭尽全力地满足自己的私欲,梦想着有朝一日过上贵妇的生活。为了追求浪漫的爱情,寻求她心目中的英雄,艾玛先是受到罗多尔夫的勾引,结果被欺骗了;后来,她又与莱昂暗中私通,中了商人勒乐的圈套，最终导致负债累累，不得不服毒自尽。

在这篇小说中，福楼拜批判了艾玛爱慕虚荣的本性，也深刻地批判了社会的畸形。这种批判引人深省，令人警醒。

虽然如此，我们不得不承认的是，其实，现代社会，很多青少年朋友也有虚荣心，他们喜欢与周围的同学、朋友攀比，有些青少年花钱如流水，生活奢侈；许多孩子每天都有很多零用钱，他们认为：不管花多少钱，别人有的，我也要买，绝对不能输给别人。不合口味的食物、不满意的玩具，即便是刚买的，也会毫不客气地扔掉，浪费的现象屡见不鲜。这种攀比、爱慕虚荣、追赶流行的心理自然让孩子们之间产生了所谓的"人情"，即靠金钱和物质来维持交往的友谊。很明显，人以群分，有相同心理的孩子们会聚在一起，形成一个朋友圈，这就导致很多孩子形成了"社会隔离型"性格，交不到真正的朋友。

当然，青少年虚荣心的形成是多方面的，其中多半和不良的花钱习惯有关。现在人们的生活水平越来越高，父母给孩子的零花钱也越来越多，从最初的几元到现在的几十、上百元，而很多孩子到了初中以后，家长怕他们在学校吃不饱、穿不暖，零花钱更是有增无减，他们在家长的"默认"和"纵容"下养成了不良的消费习惯：花钱大手大脚、没有节制、想买什么就买什么，只知道有钱就花，花完了再向父母要，久而久之，导致孩子们养成了大手大脚花钱的习惯，金钱观严重偏离了正常的轨道，逐渐迷失自己，变得极其爱慕虚荣。

心理学家指出，如果我们不加以控制虚荣心理的话，轻则

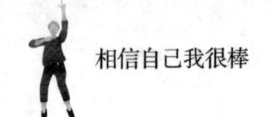

会影响我们的心理健康，严重的会使我们产生心理疾病。

## 心灵启示

青少年朋友，如果你有严重的虚荣心，那么，最好做自己的心理医生，从以下几个方面进行心理调节：

1. 完善自己

一个人如果深知只有完善自己才能逐步提高的道理，也就能转移视线，不仅找到了努力的动力，也会豁然开朗。

2. 尽可能地纵向比较，减少盲目地横向比较

比较分为纵向比较和横向比较。横向比较指的是将自己与他人比，而纵向比较指的是将昨天的自己和今天的自己比，找到长期的发展变化，以进步的心态鼓励自己，从而建立希望体系，帮助个体树立坚定的信心。

3. 正确认识荣誉

通常情况下，有虚荣心的人都很爱面子，希望得到别人的肯定和赞扬，希望每一个人都羡慕自己。要避免形成爱慕虚荣的性格，青少年就必须以正确的心态面对荣誉，每个人都应该争取荣誉，这是激励自己前进的动力，但绝不能以获得荣誉为目的。许多事实证明，仅仅为了获取荣誉而工作的人，荣誉往往与他无缘。倒是不图虚荣浮利的人，常常"无心插柳柳成荫"，于不知不觉中获得荣誉。也就是说，只要我们脚踏实地地做好本职工作，淡化名利，荣誉自然会降临到我们身上。

4. 脚踏实地

脚踏实地的人懂得通过自己的双手和劳动来获得物质和财富，这样的人才是最可爱的、令人敬佩的。

总之，青少年朋友们，你需要明白的是，虚荣心并非一种恶行，但不少恶行都因虚荣心而产生。这种心理如同毒菌一样，消磨人的斗志，戕害人的心灵。为此，你必须防微杜渐，避免虚荣心滋生。

## 做勇敢少年，不做胆小鬼

众所周知，中国人素来以含蓄、谦卑的民族性格著称，但是，竞争激烈的当代社会，要求人们面对机会要勇敢、大声地说"我行"。因此，未来要参与社会竞争的青少年朋友们，你们也必须培养自己敢于自我表现的勇气和习惯。你们要记住一点，勇敢一点，你们不是胆小鬼。

有些孩子天生大胆，有些孩子天生胆小，但生活中，我们看到的更多的是被娇生惯养的孩子，遇到一点委屈或挫折就扑到父母的怀里哭泣，父母疼到心肝里，替他们出头，安慰他们，殊不知，越是这样，孩子越胆怯、怕事儿，遇事越发没有主见，这样的孩子在将来怎么能独当一面呢？

从这个角度看，青少年朋友们，你若想变得勇敢，首先，要摆脱父母的呵护，学会独立。当然，除此之外，你还要敢于

相信自己我很棒

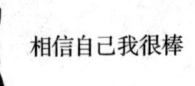

大胆地表达自己的想法。

香港著名女作家梁凤仪小的时候，是一个不敢说话的小女孩。有一次，小凤仪跟爸爸逛商场，就要离开时，她拽住爸爸的衣角："爸爸，再玩一会儿吧。"小凤仪并不是贪玩的孩子，她只是想要柜台里漂亮的洋娃娃。爸爸看出了她的心思，却没有主动买给她。终于，小凤仪忍不住了，她用细若蚊蝇的声音说："爸爸，我……想买一样……东西。""买什么？说话别吞吞吐吐，想要什么说出来！""我想买一个洋娃娃！"小凤仪鼓起勇气说。于是，她得到了那个洋娃娃。

小时候的梁凤仪就是个勇敢的女孩，当她大胆地说出自己的需要时，得到了心仪的洋娃娃。

在未来社会，每个青少年朋友都将面临激烈的竞争，都需要勇气，并且有时需要很大的勇气。它虽然没有硝烟，但恐惧足以摧垮人的意志。因此，你必须从现在起克服自己胆小的毛病，让自己变得勇敢起来。

## 心灵启示

青少年朋友们该如何克服胆怯心理，勇敢地面对生活中的种种问题呢？

1. 树立自信心

树立自信心是战胜胆怯退缩的重要法宝。胆怯退缩的人往往缺乏自信，对自己能否完成某些事情持怀疑态度，结果由于心里紧张、拘谨，使得原本可以完成的事情搞砸了。

因此，你在做一些事情之前应该为自己打气，相信自己能做好，然后按照想法尽力就可以了。

2. 扩大交际和接触面

一般来说，怯于表现的孩子面对众多目光只觉得不安，并非讨厌赞美和掌声。

因此，为了克服自己胆小的性格弱点，你应该有意识地扩大自己的接触面，经常面对陌生的人或环境，逐渐减轻不安心理。闲暇时，你可以和邻居家的叔叔阿姨聊几句，与同龄孩子一起玩耍，建立友谊；购物时甚至帮长辈付钱；经常到亲戚家串门；每逢节假日，一家三口背上行囊去旅游，让自己置身于川流不息的游客潮中……随着见识的增长，你面对陌生人的目光时，便会多几分坦然。

3. 尝试做一些不喜欢甚至不敢做的事

有些孩子总是屈从于他人，不敢鼓足勇气尝试没做过的事情，时间久了，就误以为自己生来就喜欢某些东西，而不喜欢另一些东西。

因此，你应该认识到，什么事情都要敢于去尝试，尝试做一些自己原来不喜欢的事，就会体验到一种全新的乐趣，从而慢慢从固有习惯中摆脱出来。关键要看是否敢于尝试，是否能把自己的想法贯彻到底。

4. 学会在众人面前表演

对此，你不妨先从自己熟悉的环境开始表演，亲友聚会是个不错的选择，面对熟识的人你会比较放松。比如，当你的外

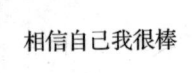

婆过生日的时候,你可以当着大家的面为她唱首歌,相信她会很喜欢,而你的胆量也会被训练出来。

总之,青少年朋友们,你需要认识到的是,父母和长辈们不可能是你永远的保护伞,你只有变得勇敢,拥有积极的心态,做一个生活的强者,才能独自面对风风雨雨,化不利为有利,才不会在外人面前轻易流泪,也不会在困难面前手足无措、六神无主!

## 自负的少年只会止步不前

任何一个人都知道,自信就是自己信得过自己,自己看得起自己。别人看得起自己,不如自己看得起自己。美国作家爱默生说:"自信是成功的第一秘诀。"又说:"自信是英雄主义的本质。"人们常常把自信比作发挥主观能动性的闸门,启动聪明才智的马达,这是很有道理的。确立自信心,就要正确地评价自己,发现自己的长处,肯定自己的能力。但在很多时候,自信与自负只是一念之差,自信的人予人以好感,自负的人令人厌烦。同时,自负者在心理上也会有更多的压力,因为他们在内心会告诉自己,一定要兑现自己许下的诺言,而结果常常事与愿违。

青少年朋友们要记住,无论何时都要保持清醒的头脑,只有这样,你才会稳扎稳打,学好科学文化知识,学会做人做事的道理，走好人生的每一步。

曾经听过这样一个故事，很受启发：无论你多么强大，多么成功，只要心中被骄傲占据，那么你离失败就不远了。

很久以前，有一个农夫，他的庄稼地在一片芦苇地旁边，经常会有一些野兽出没，为了防止自己的庄稼被野兽毁坏，他经常拿着弓箭去射猎这些野兽，并经常巡视。

这天，农夫和往常一样，来到芦苇边看护庄稼。这天很安静，好像什么都没发生，农夫也觉得自己乏了，便在芦苇地旁边休息。正当他要打盹儿时，却发现芦苇丛中的芦花纷纷扬起，并飞到空中，他觉得很奇怪，难道芦苇丛中有什么东西？

于是，他走过去，定睛一看，原来是一只老虎，只见它蹦蹦跳跳的，时而摇摇脑袋，时而晃晃尾巴，看上去好像高兴得不得了。

老虎到底为什么这么高兴呢？农夫心想，它一定是刚刚捕完猎物、美美地饱餐了一顿吧？可这只老虎真是太笨了，它完全没有想到捕捉自己的农夫就站在它身后。

想到这里，农夫赶紧藏好，拿起了自己的弓箭，瞄准老虎，然后趁着它跳起的一瞬，一箭射过去，老虎立刻发出一声凄厉的叫声，扑倒在芦苇丛里。

农夫过去一看，老虎前胸插着箭，身下还枕着一只死獐子。

"螳螂捕蝉，黄雀在后"说的就是这个道理，这只老虎是悲哀的，它因为捕到了獐子万分高兴，便忽略了对周围环境的觉察，以致自己成了别人猎杀的目标都不知道，最后只能中箭

相信自己我很棒

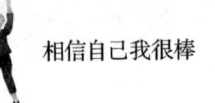

而死。

可见，自信固然可贵，但如果自信过了头，成为一种自负与狂妄，那就确实不讨喜。生活中，那些自大的孩子往往不屑于与别人交往，心胸狭窄。他们虽能取得一定的成绩，但往往满足于现状，而且他们看不到别人的成绩。因此，青少年朋友只有改正自大的性格弱点，才能看清别人，从而博采众长。

## 心灵启示

上帝阻挡骄傲的人，恩赐谦卑的人。如果你也是一个骄傲的人，就从现在开始审视自己，改变自己，做一个谦逊的人，一个能够按捺冲动，奋发向上的人。

如何克服自负心理，青少年朋友需要做到：

1. 要有自知之"明"

常听说人贵有自知之明，这个"明"，既表现为如实看到自己的长处，也表现为如实分析自己的短处。如果只看到自己的短处，似乎是谦虚，实际上是自卑心理在作怪；如果只看得到自己的长处，那么，你就是自大。"尺有所短，寸有所长"。每个人都有自己的优势和长处。如果我们能客观地估价自己，在找出自己的长处和优势的同时，也能看到自己的缺点和短处，那么，便能很好地弥补自己的不足。

你要知道，天外有天，人外有人。很多事物的优越性都是相对的，我们所拥有的，永远都微不足道，所以我们没有理由狂妄自大。

2. 兼听则明

那些谦卑、成功的人一般都善于倾听各方面的意见、进行周密的思考，并归纳出哪些事物可行、哪些事物不可行的一套完全属于自己的见解。在思考问题的过程中，他会考虑到"得失利弊""差之毫厘、失之千里""真理若往前再跨越一步就是谬误"等这些细微的甚或为一般人所考虑不到的问题。他的最大特点就是善于倾听各方面的意见和建议，敢于坚持真理。

可见，做人要信心十足，但不等同于自高自大、自我浮夸，只有抱着谦卑的态度，你才能不断进步！

当然，你也无需过分谦虚，否则你也有心理压力。当你能拿捏好自信的尺度，就没有人能干涉你的生活态度；就算有，也许是对方忌妒你，因为他本身缺乏自信，所以看不惯你的神采奕奕，对于这样的人，你应该多同情但不要计较，因为他的心态太贫穷，而且没有人能救得了他。你不必为比乞丐富有而感到抱歉，因为这是你努力争取、应得的成果，过好你的人生才是最重要的。

## 青少年一旦攀比，就失去了快乐

人是群居动物，在社会生活中，有交流就有比较，于是，人们就滋生了好胜心、攀比心。当自己的现状比周围的人差时，就会产生一种想超过的心理，这种心理会促使我们不断努

相信自己我很棒

力和进步，但如果这种心理变成了盲目攀比，就会变成一种不务实际的心理焦虑，就等于为自己设置了障碍。实际上，每个人都是单独的个体，都有自己的个性，只有坚持走自己的路，摒弃攀比心理，才会活出自我。

老子在《道德经》中提倡无为而治，就是让人放下攀比之心。无为而无不为，意思是不攀比而无所不能。无为并不是什么都不做，而是放下攀比之心。因为有了攀比之心，人们不能按自己的方式去生活，去做事，会变成大致相同的人。人都有自己的特长，有自己的才能，有自己的价值观。以不攀比之心去做，会做得很好，才会发挥自己最大的价值。

的确，攀比之风开始出现在青少年朋友们中间，有这样一些孩子，为了表现自己，常采用炫耀、夸张甚至戏剧性的手法来引人注目，例如用奇怪的发型来引人注目，本该努力学习的年纪，却一味地追赶时髦，盲目崇拜偶像，显示自己，也模仿明星的生活方式。

11岁的米米长得很漂亮，弹得一手好钢琴，是个人见人爱的女孩。但是，她也是个十分"奢侈"的孩子，衣服不是"耐克"的就是"阿迪达斯"的，总之，从头到脚都是名牌。有时父母给她买的不是名牌的衣服，不管多好看，她都一概不穿，还为此哭闹了很多次。

父母对她这点十分头疼，实在不明白为什么孩子这么小就如此热衷于名牌，而米米的回答就是："让我穿这些，我怎么出去见人啊？我的同学都穿名牌，我要是没有，人家会笑话我的。我不穿,要不我就不去上学。"

不仅如此,米米还"逼"着爸爸给她买手机和高档自行车,原因也是"同学都有"。

其实,米米不是一个特例,这是现代社会的一个普遍现象。尤其对于那些家庭条件优越的孩子,他们从小就穿名牌衣服、吃优质食品、玩高档玩具,于是,进入学校的他们便学会了互相攀比。

的确,攀比之心,人皆有之,但其实,这种比较是没有任何意义的。不管你比得过别人,还是比不过别人,你的生活、你的现状都不会受到任何影响。你既得不到别人的财产,也不会失去自己所拥有的一切。所以,请停止无谓的攀比,不要给自己徒增烦恼。

## 心灵启示

每个人都有一些消极心理,攀比就是其中之一。攀比就是一种"人有我也要有,人好我要更好"的比较心理,它隐含着竞争、好胜的心理成分。

青少年朋友们,你可以通过以下方式做好心理调节:

1. 通过自我暗示,增强自己的心理承受能力

自我暗示又称自我肯定,这是一种调节心理的强有力的技巧,它可以在短时间内改变一个人对生活的态度,增强对事件的承受能力。具体方法为用激励性的语言、动作来鼓励自己。比如,当别人取得好成绩时,你也可以在心中对自己说"其实我也很

好"之类的话，久而久之，盲目比较的习惯就会有所改善。

2. 快乐让你远离攀比

生活中，有痛苦也有快乐，之所以快乐，是因为他们善于发现快乐的点滴。如果一个人总是想：比起别人可能得到的欢乐，我的那一点快乐算得了什么呢？那么他就永远陷于痛苦之中，陷于忌妒之中。

总之，攀比是一把利剑，这把利剑不会伤到别人，只会伤害自己。它刺向自己的心灵深处，损害的是自己的快乐和幸福。俗话说，"人比人，气死人"。攀比是不满足的前提和诱因，人们在没有原则没有意义的盲目比较中导致心理失衡，胃口越来越大，追求越来越多，越发不满足。如果你能放下攀比这副枷锁，活出真实的自我，那么，快乐就会如影随形。

## 克服依赖心理，做独立自主的少年

人应该是独立的，独立行走，使人类脱离了动物界而成为万物之灵。我们的成长过程就是一个逐渐独立与成熟的过程。但现代社会，对有些青春期孩子来说，过于依赖别人尤其是父母。一旦失去了可以依赖的人，他们会不知所措。如果你具有依赖心理而得不到及时纠正，发展下去有可能形成依赖型人格障碍。

然而，随着物质生活水平的提高，很多父母不但为孩子提供了一种衣食无忧的生活，还事事为孩子包办，导致孩子形成了依赖心理，这样的孩子缺乏毅力和恒心，缺乏奋斗精神，将来必定无法立足于社会。

从前，有一对夫妇，晚年得子，高兴异常，所以，对这一"老来子"十分疼爱，几乎不让孩子做任何事，孩子除了吃喝以外也什么都不会。很快，孩子长大了。

一天，老两口要出远门，担心儿子在家没法照顾自己，就想了一个办法：临行前烙了一张中间带眼儿的大饼，套在儿子的脖子上，告诉他想吃的时候就咬一口。

可是，这个孩子居然只知道吃颈前面的饼，不知道把后面的饼转过来吃。等老两口回来时，大饼只吃了不到一半，而儿子竟活活饿死了。

生活中的青少年朋友们，当你看完这则故事，你是否有所启发？只有学会独立自主地生活，才具备生存的能力。"自己动手，丰衣足食"说的就是这个道理。

## 心灵启示

其实，人生成功的过程也就是个人克服自身性格缺陷的过程，青少年身上的这些由优越成长环境导致的弱点，可能影响你未来的婚姻家庭等生活状况，同时也影响你的人际交往、职业升迁、事业发展……因此，青少年朋友们，如果你也有依赖性格，就必须从现在开始，努力克服。

那么，该怎样靠自己的努力摆脱依赖感呢？

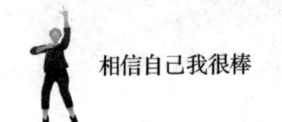

1. 要充分认识到依赖心理的危害

这就要求你纠正平时养成的习惯，提高自己的动手能力，不要什么事情都指望别人，遇到问题要有自己的选择和判断，加强自主性和创造性。学会独立地思考问题。

2. 要破除习惯性地依赖

对于依赖性强的人而言，他们的依赖行为已成了一种习惯，为此，首先需要纠正这种不良习惯。你需要检查自己的日常行为中哪些是要依赖别人去做的，哪些是自主决定的，你需要坚持一个星期，然后将这些事件分为自主意识强、中等、较差三等。

3. 要增强自控能力

对于自主意识差的事件，你可以通过提高自控力来改善；对于自主意识中等的事件，你应寻找改进方法，并在以后的行动中逐步实施；对于自主意识较强的事件，你应该吸取经验，并在日后的生活中逐步实施。

4. 坚持自理

进入青春期的你，已经不是儿童了，因此，你应该学会自理。这时，即使家长为你包办，你也应该拒绝，大胆尝试，才能在潜移默化中培养自理能力。另外，你要坚持到底，不要凭一时的冲动做事，因为自理能力不是一朝一夕就具备的，需要对自己进行反复的强化和持之以恒的锻炼。

5. 学会独立解决问题

依赖性是懒惰的附庸，而要克服依赖性，需要在多种场合坚持自己的事情自己做。因此，日常生活中，切忌让家长当你的贴身丫鬟，也不要让家长帮你安排所有事情。比如，独立地解一道数学题，独立准备一段演讲词，独立地与别人打交道等。

的确，人性有很多弱点，比如虚荣、自私、忌妒、盲目等，依赖只是其中的一种，而这一看似无关紧要的弱点却会影响一个人的命运。庆幸的是，这些弱点虽然与生俱来，很难彻底消除，但却可以采取方法来克服，也可以引导它朝有利于我们的方向发展，若由于自身的某种弱点没有得到很好的克服和控制而任其膨胀，将会影响我们的一生。

## 告别自私自利，青少年多替他人着想

我们都知道，人与人之间的交往都是相互的，你怎样对待他人，他人就怎样对待你。如果我们只想拥有而不想给予，将是一个自私的人，而自私的人是不会拥有真正的朋友的。所谓"赠人玫瑰，手有余香"就是这个道理。事实上，生活中处处存在美与爱。我们每天都能看到初升的太阳，那是自然之美；我们每天都能拥有他人的关爱与帮助，这是人性之美。

青春期是人格砥砺和品质形成的时期，这个阶段的每一个孩子都应该学会替他人着想，学会付出爱，勿做别人眼中的自私鬼。

从前，在一个深山里，有一个小山村，村里的每一个人都

相信自己我很棒

起早贪黑地种植稻谷，但不知为何，每年的收成都很低，根本不能解决温饱问题。

后来，有一个农民走出大山，去寻找优质稻种。终于，他发现了高产量的稻种。果然，第一年试种，收成很好。村民们看到他成功了，便想从他那里换一些稻种。可这个农民却想，如果大家的稻谷产量都提高了，自己不就不能发财了吗？于是，他拒绝了乡亲们的请求。

第二年，他还是用新得到的种子播种，并且，他更加勤奋地耕种，谁知道，产量却很差。后来，他才明白，在稻谷授粉时，风将邻家的劣质花粉接种到他家的优质稻子上了。

此时，你肯定会嘲笑这个自私又愚昧的农夫。是的，自私狭隘是一切善良美好的事物身上的"毒瘤"，是成功与和谐的天敌。与之形成鲜明对比的是一种善于为他人着想的博大、无私的胸怀。

生活中的青少年朋友们，当你遇到有困难的人时，你是否愿意为他们想想办法？或许在不经意间，受帮助的不仅是别人，而且还有你自己，你会发现爱加上智慧原来是能够产生奇迹的。其实任何一次助人行为，都是完善自我、实现自我价值的机会，怎能不出于自愿？心存善念，多行善事。我们就是自己最重要的贵人。

## 心灵启示

善于为他人着想说起来是一件容易的事，但真正地去做却是一件很困难的事。为什么呢？因为个人利益与他人利益产生碰撞的时候，大多数人都很难取舍，他们都有"这件事跟我有什么关系，我有没有好处"这种心理。就是因为大多数人有这种心理，所以他们在选择的时候，更多地偏向于个人利益。因此，要想做到替他人着想，青少年朋友们，你们首先要克服的就是自私心理，除此之外，你们还需要做到：

1. 关心他人

你可以从关心周围的人开始，比如，你的父母、你的亲人、你的老师、你的同学；比如，当你的同学摔倒了，要主动扶起来，并加以安慰。在这种举动中，你将会体验到帮助别人的快乐；比如，妈妈生病卧床，你可以为她递水、送药。要记得在父母生日的时候为他们送上一份礼物；走在路上，看到老人手中的报纸或其他东西掉在地上，应主动帮忙拾起。

2. 做力所能及的家务，对家庭尽一份责任

爸爸妈妈每天除了工作以外，还得照顾老人和孩子。你已经进入青春期了，应该学会为他们分担一点了，你可以从最简单的家务做起，如帮爸妈洗洗碗、做做饭、拖拖地，他们会为此感到欣慰的。

3. 要表达自己的真诚和关切

与人交往，一定要真诚，关心他人不能有太强的目的性，这样才能使别人愉快地接受，我们才会满足和愉悦。

4. 多为别人着想

在与人交往的过程中，要学会为他人着想，这样，你就能体谅他人的难处、说该说的话、做该做的事，他人也会感受到

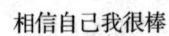

你的贴心。

5.经常参加一些慈善活动或者社会实践活动

有句名言说得好：关心他人，竭尽全力去帮助别人，会使人变得慷慨；关心别人的痛苦和不幸，设法去帮助别人减轻或消除痛苦和不幸，会使人变得高尚；时常为他人着想，会丰富自己的生活，增加自己的涵养。任何一个孩子，不仅要承担努力学习的责任，还应该努力培养自己健全的人格，学会助人为乐，也就是帮助你自己。

## 青少年战胜了内心的恐惧，你就是强者

"要战胜别人，首先须战胜自己。"这是智者的座右铭。人生路上，我们难免遇到一些挫折，但我们的敌人不是挫折，不是失败，而是我们自己，是内心的恐惧。如果你认为自己会失败，那你就失败了。说自己不行的人，爱说丧气话，遇到困难和挫折，他们总是为自己寻找退却的借口，殊不知，这些话正是自己打败自己的最强有力的武器。一个人，只有把潜藏在身上的自信挖掘出来，时刻保持着强烈的自信心，困难才会被我们打败。有些人之所以取得成功，是因为他们与别人共处逆境时，别人失去了信心，他们却下决心实现自己的目标。

青少年朋友们，在你的学习和生活中，你可能偶尔感到恐惧，但对此，美国著名将领艾森豪威尔将军是这样诠释的：

"软弱就会一事无成，我们必须拥有强大的实力。"不正面迎向恐惧，面对挑战，你就得一生一世躲着它。

曾经有一个叫卡兰德的军官。有一次，卡兰德在纽约的一个漂亮饭店里，看着善泳的朋友们在阳光下嬉戏，忽然有一种不舒服的感觉涌上心头。卡兰德告诉他们，自己怕晒黑，所以不想下水。朋友们笑着怂恿他："不要因为怕水，你就永远不去游泳……"

阳光溅在他们水滑滑、光亮亮的肌肤上，他们像海豚一样骄傲地嬉戏着，而卡兰德其实并不想一直躲在阴影里看着他们嬉戏。他觉得自己是个懦夫。

一个月后，朋友邀卡兰德到一个温泉度假中心，他鼓足勇气下水了。卡兰德发现自己没自己想象中那么无能，但他不敢游到水深的地方。"试试看，"朋友和蔼地对他说，"让自己不潜，看会不会沉下去！"

于是，卡兰德试了一下。朋友说得没错，在我们意识清晰的状态下，想要沉下去、摸到池底还真的不可能。真是奇妙的体验！

"看，你根本淹不死。沉不下去，为什么要害怕呢？"

卡兰德上了宝贵的一课，若有所悟。从那天起，他不再怕水，虽然目前不算是游泳健将，但游四五百米是不成问题的。

和卡兰德一样，青少年朋友们，当你遇到困难时，你也可以克服恐惧。"现实中的事物，远比不上想象中的那么恐怖。"当你遇到困难时，理所当然，你会考虑到事情的难度所

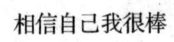

在，如此，你便会产生恐惧，会将原本的困难放大。但实际上，假如你能减少思考困难的时间，并着手解决困难，你会发现，事情远比你想象的简单得多。那些成功人士，都是靠勇敢面对多数人所畏惧的事物，才能出人头地的。美国著名拳击教练达马托曾经说过："英雄和懦夫同样会感到畏惧，只是两者对畏惧的反应不同而已。"

总之，你需要记住的是，困难面前，逃避无济于事，只有正面迎击，困难才会被克服。有时候，你会发现，那些所谓的困难与麻烦只不过是恐惧心理在作怪，每个人的勇气都不是天生的，没有谁一生下来就充满自信，只有勇于尝试，才能锻炼出勇气。

## 心灵启示

人们恐惧的表现之一通常是躲避，而试图逃避只会使得这种恐惧加倍。任何人只要去做他所恐惧的事，并持续下去，直到获得成功，他便能克服恐惧。既然困难不能凭空消失，那就勇敢去克服吧！

要摆脱恐惧心理，你可以从以下几个方面着手：

1. 告诉自己"我能行"

生活中，许多孩子常常说"我不行"。他们之所以会有这样的意识，有两方面原因：一是自我意识，二是外来意识。关于第二点，其实和很多父母的教育有关系。有些家长总觉得自己的儿子不行。一位男孩说："我想学游泳，我妈妈说，你不行，你从小体弱，下水会淹着的！我想学炒菜，我妈妈又说，你不行，会烫着手的！我想学骑车，我妈妈说，你不行，会摔着的……不行，不行，我什么时候才能行？"要摆脱这种种恐惧，作为男孩的你，必须在内心反复暗示自己："我能行。"

2. 多做一些没有做过的事

做曾经不敢做的事，本身就是克服恐惧的过程。如果你退缩、不敢尝试，那么，下次你还是不敢，你永远都做不成。只要你下定决心、勇于尝试，那么，就证明你已经进步了。在不远的将来，即使你会遇到很多困难，但你的勇气一定会帮你获得成功。

总之，物竞天择，适者生存，当今是一个处处充满竞争的社会，一个有作为的人必定是敢想敢做的人，而你首先要做的就是消除内心的恐惧，毫无畏惧，自然战无不胜！

## 青少年敢于担当，尽早学会负责任

责任，对于任何人来说都是不可推卸的，它体现了一种社会必然性。人活着，就要承担责任。责任心的强弱，能够反映一个人品德的优劣。一个责任心强的人，即使经受再大的困难，也不会逃避责任。千百年来，人类拥有上苍赐予的许许多多美好的品质与情感，强烈的责任感就是其中的一束美丽的光芒，在一颗颗忠义的赤子之心中闪耀着。

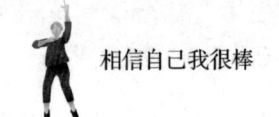

事实上，每个青少年朋友，都应该有这样的态度，哪怕再小的一件事，你也要敢于负起责任。责任心往往驱使我们做一件事，而且会把事情做好。我们每个人都要清楚，只有我们认为那件事很重要，是你的责任，你才会全力以赴做好这件事，想方设法收获最好的结果。

一天，某户人家的门铃响了，开门的是男主人公汤姆。

汤姆发现，一个十来岁的小男孩站在门口，并且，他开始自我介绍："你好，先生，我的名字叫亨利。"然后，他指着斜对面那栋漂亮的房子，告诉汤姆那是他家。

然后他问："我可以帮你剪草坪吗？"汤姆打量了一下这个小男孩，他身材瘦小，再看看自己家的花园，有前后院，还有个大草坪，不过，既然是他主动要求做，就点点头说："好啊！"

随后，男孩很高兴地推来剪草机，开始工作。他把笨重的机器推来推去，剪得相当整齐。

等他剪完所有的草后，按照事先说好的，汤姆给了他10美元的报酬，但令汤姆好奇的是这小男孩为什么要挣钱。对此，小男孩说："上个星期我过生日，爸爸送我半辆自行车，我要赚另一半的钱。如果下个星期再让我给你剪草坪，我就可以去买了。"

从那以后，汤姆家剪草的工作就被男孩承包了。慢慢地，附近几家的草地也都包给他了……

的确，责任心对于任何成长阶段的青少年来说都至关重要。一个人应该有许多品质，其中衡量一个人是否成熟的标准就是责任心。事业有成者，无论做什么，都力求尽心尽责，丝毫不会放松；成功者无论做什么职业，都不会轻率疏忽。这就是一份责任。

责任不需要整天挂在嘴边，而是一种意识，你需要明白，在遇到事情的时候必须承担后果。从小学会"担当"，长大了，你自然就会有责任心。

古往今来，先贤志士都很注重责任心的培养。今天，人们呼唤责任感，一个家庭、一所学校、一个社会，都需要责任感。的确，责任，对于任何人来说都是不可推卸的，它体现了一种社会必然性。人活着，就要承担责任。

## 心灵启示

人是一种社会性动物，责任是一种对人的制约。责任心，指的就是个人对自己和他人，对家庭和集体，对国家和社会所负责任的认识、情感和信念，以及与之相应的遵守规范、承担责任和履行义务的自觉态度。每个人都肩负着责任，对工作、对家庭、对亲人、对朋友，我们都有一定的责任，正因为存在这样或那样的责任，才能对自己的行为有所约束。

每一个青少年朋友，都应该从现在开始承担起各种各样的责任，对此，你需要做到：

1. 要学会帮别人分担一些忧患

当然，这种分担要在自己能够承受的范围内。例如，在家里，我们要负起作为家庭一分子的责任；在班级里，要负起作

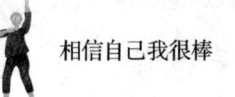

为学生的责任；在社会上，要负起作为公民的责任……

2. 努力学习，对自己负责

在这个社会上，每个人都肩负着自己的责任。做好自己的本职工作，不仅是对他人负责，更重要的是对自己负责。作为学生的你，现阶段的任务就是努力学习，只有充实自身与内在，才能有所担当，才能在未来做好本职工作，才能实现自我价值。

3. 关心国家，关心社会

我们都生活在一个大集体中，那就是国家和社会，有国才有家，每个孩子都懂得这个道理。那么，从明天开始，不要只关心自己的学习或者最新流行趋势了，多关心国家和周围发生的时事。

的确，在一个人的成长过程中，所要学习的东西有很多。其中学会承担责任，是每一个青少年成长之路上必经的一个过程，是人生旅途中必修的一堂课。

## 第4章
# 相信自己，青少年就有了改变一切的力量

很多时候，我们总是缺乏自信，认为自己的身上存在很多缺点和不足。殊不知，这个世界上并没有绝对完美的人，即使我们有很多的缺点和不足，我们依然是独一无二的。也许，我们在某一方面表现得不够好，没有突出的能力，但是，我们应该相信自己是最出色的，只有这样，我们才能使自己真正变得出色。

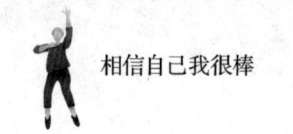

## 成为最优秀的自己

你是那个最优秀的人吗?这个答案需要你自己给出,而不要等待别人给你定论。一个人除了应该戒骄戒躁,保持谦逊之外,还应该正确地认识自己,客观地评价自己,不要妄自菲薄,埋没自己的才华。很多时候,机会只是转瞬之间,一旦你游移不定,机会就会悄然逝去。一个人应该知道自己的能力,正确评估自己的才华,这样才能在机会来临的时候毫不犹豫地抓住,为自己争取美好的未来。

从前,有一个哲学家在自己行将日暮之际,想考验和点化一下自己的助手,使他继承自己的事业。他把助手叫到床前说:"我的蜡所剩不多了,要找另一根蜡延续下去,你明白我的意思吗?"

"明白,"那位助手赶忙说,"您的思想光辉是应该很好地传承下去……"

"可是,"哲学家慢悠悠地说,"我需要一位最优秀的传承者,他不但要有相当的智慧,还必须有充分的信心和非凡的勇气……这样的人选直到目前我还未见到,你帮我寻找和发掘一位,好吗?"

"好的,好的。"助手很温顺很尊重地说,"我一定竭尽全力地去寻找,不辜负您的栽培和信任。"

第4章 相信自己，青少年就有了改变一切的力量

哲学家笑了笑，便不再说什么。

那位忠诚而勤奋的助手，不辞辛劳地通过各种渠道四处寻找。可他领来一位又一位，全被哲学家一一婉言谢绝了。

半年之后，哲学家眼看辞世，最优秀的人选还没有找到。助手非常惭愧，泪流满面地坐在病床边，语气沉重地说："我真对不起您，令您失望了！"

"失望的是我，对不起的却是你自己。"哲学家说到这里，失望地闭上眼睛，停顿了许久，才不无哀怨地说。"本来，最优秀的人就是你自己，只是你不敢相信自己，才把自己给忽略、给耽误、给丢失了。其实，每个人都是最优秀的，差别就在于如何认识自己，如何发掘和重用自己。"话还没说完，一代哲人就离开了他一直深切关注的这个世界。

那位助手非常后悔，甚至自责了很久。

## 心灵启示

张伦如今是大学四年级学生，即将毕业，因此，他马不停蹄地找工作。在一场招聘会上，他发现自己心仪已久的一家大公司居然也在招聘，不由得欣喜若狂。挤过水泄不通的人群，他来到了招聘人员面前，郑重地交上了自己的简历。虽然这家公司要求应聘者至少有两年以上工作经验，但是张伦还是想试一试。幸运的是，一个星期以后，张伦收到了这家公司的面试通知。笔试的题目非常简单，就是"认真阅读我们的招聘启事，如果你觉得你足够优秀，请直接走入隔壁房间面试。"看

相信自己我很棒

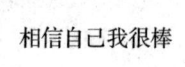

着这道笔试题目，很多人都走进了隔壁的房间面试，张伦却陷入了沉思。当他决定走进面试房间时，面试人员却走出来通知大家，人员已经招满了。

（1）张伦对这家公司心仪已久，虽然他没有两年的工作经验，但他还是想投递简历。

（2）张伦没有想到笔试的题目如此简单，这道题目完全是让他们主动做出选择，而不是公司选择参与面试的人员。

（3）张伦虽然有一定的自信，但是却不够自信，在自我评定中，他没有坚定地对自己说："我是最优秀的！"

（4）因为一时的犹豫，张伦错过了这个千载难逢的机会。他不知道，面试人员对他的简历印象深刻，一直希望他能够勇敢地走进去参加面试。

（5）不管什么时候，我们都要相信自己是最出色的，否则，机会就会悄悄地溜走。

（6）相信你能够改变自己的一生。

## 爱，是最好的养料

如果说人生是没有归途的航程，那么，支撑我们在风风雨雨、大风大浪中前行的就是信念。坚定不移的信念，是人生航程的帆，只有扬起风帆，我们才能顺利起航；也只有扬起风帆，我们才能在浩瀚无边的人生之海中把握方向，向着自己既定的目标执着前行。生活不总是一帆风顺的，就像大海有平静也有惊涛骇浪，要想越过坎坷，走出逆境，我们就要坚持，而坚持的力量则源于信念。在广袤无垠的土地上，信念恰如那一粒充满生命力的种子，即使土地很贫瘠，即使天气干旱少雨，它也能默默地忍耐和坚持，直到破土而出，开花结果。

有一个女孩，高中毕业后没考上大学，被安排在本村的小学教书。

结果，上课还不到一周，由于讲不清数学题，被学生轰下台，灰头土脸地回了家。母亲为她擦眼泪，安慰她说："满肚子的东西，有的人倒得出来，有的人却倒不出来，没必要为这个伤心，找找别的事，也许有更合适的事情等着你去做。"

后来，她又随本村的伙伴一起外出打工，但不幸的是，她又被老板轰了回来，原因是裁剪衣服的时候，手脚太慢，别人一天可以裁制出六七件，她仅能裁制两件，而且质量也不过关。母亲对女儿说："手脚总是有快有慢的，别人已经干了好多年，而你一直在念书，怎么快得了？"说完，便为女儿打点行装，准备让她到另一个地方去试试。

女儿先后当过纺织工，干过市场管理员，做过会计，但无一例外都半途而废了。然而每次女儿失败沮丧地回来时，母亲总是安慰她，从来没有抱怨过。

30多岁的时候，女儿凭着一点语言的天赋，做了聋哑学校的一名辅导员。后来，她开办了一家属于自己的残障学校。再后来，她在许多城市又开办了残障人用品连锁店，如今是一个

相信自己我很棒

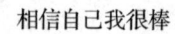

拥有几千万元资产的老板了。

有一天，功成名就的女儿向年迈的母亲问道："妈，那些年我连连失败，自己都觉得前途非常渺茫，可你为何对我那么有信心呢？"母亲的回答朴素而简单："一块地，不适合种麦子，可以试试种豆子；豆子也种不好的话，可以种瓜果；瓜果也种不好的话，撒上些荞麦种子也许能开花。因为一块地，总会有一粒种子适合它，也总会有属于它的一片收成……"

听完母亲的话，女儿落了泪。她明白了，实际上，母亲恒久不绝的信念和爱，就是一粒最坚韧的种子，她的奇迹，就是这粒种子执着而生长出的奇迹。

## 心灵启示

在这个世界上，最无私、最伟大的就是母爱。母亲爱孩子，完全是一种本能，而没有任何功利性，更不求任何回报。只要有母亲在身边遮蔽风雨，孩子的心就总是满溢着幸福，因为他知道，即使天空下起了雨，即使海上刮起了狂风大浪，母亲总能为他找到最安全的港湾。年幼的时候，母亲是我们的天，是我们的地；长大了，母亲是我们永远温馨的港湾，永恒的新的居所。不优秀没有关系，这个世界上总有一个人欣赏我们，她就是母亲；失败了没有关系，这个世界上总有一个人敞开胸怀接纳我们，她也是母亲。在上述事例中，主人公最终之所以能够取得成功，就是因为她的母亲始终默默无闻地支持她，无条件地信任她。

（1）面对被轰下讲台的女儿，母亲没有一句责备，而是让女儿去找更适合她的事情做。此后，直到女儿获得成功，母亲一直这样包容和爱护女儿。这是每一位母亲的职责。在母亲看来，孩子需要的不是求全责备，而是包容、理解和信任。

（2）母亲始终坚定不移地相信女儿一定能够有所成就，只是女儿还没有找到适合自己的事情而已。在母亲耐心地等待中，女儿终于找到了适合自己的领域。母爱，是天底下最耐心恒久的等待。

（3）女儿成功了，她知道，是母亲对她的信心支撑她走到了如今。

（4）母亲恒久不绝的信念和爱是一粒最坚韧的种子，在爱的滋养下，它能够帮助儿女创造生命的奇迹。

## 青少年尽早选定人生方向，就会少走弯路

不管在哪里行走，我们都需要一个方向。对于一段旅途而言，如果漫无目的、随心所欲地行走，那么，不管走多久，最终还会回到原点。这是因为，人们总是不由自主地走出大大小小的圆圈。对于人生的漫长旅途也是如此，不管做什么事情，我们首先应该为自己选定一个方向。要知道，只有方向明确，后面的艰苦跋涉才是有意义的。如果没有方向，不管你走出多远，也不管你付出了多少艰辛，它们都是无用功。方向是人生

相信自己我很棒

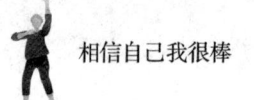

的指明灯,正如在跑步的过程中,所有的运动员都向着终点奋进一样。如果没有方向,不管你跑多少圈,距离到达终点都还是遥遥无期。做事情也是如此,只有方向明确,才能更加有效地实现自己的目标,达到人生的目的。所以,当你追求新生活的时候,当你改变自己人生的时候,你首先要为自己制订一个明确的目标。

比赛尔是西撒哈拉沙漠中的一颗明珠,每年都有数以万计的人来到这里旅游。但在它未经开垦以前,只不过是一个封闭落后的地方,这儿的人从小到大从未走出过沙漠。据说,这里的人不是不愿意离开这块贫瘠的土地,而是因为他们无论怎样尝试都走不出去。

有一个叫肯·莱文的人听说了这种奇怪的消息,他来到此地向这里的人打听原因,问了很多人,得到的答案都一样:在这里,无论向哪个方向走,最后还是会回到出发的地方。真的有这么奇怪的事?肯·莱文决定亲自尝试一下,他做了一个试验,从比赛尔村往北走,结果用了三天半的时间走了出来。但是比赛尔人为什么却那样说呢?肯·莱文怎么也想不通,最后他雇了一个当地人,让他带路,看看究竟是为什么。他们带了足够半个月的食物和水,牵了两匹骆驼,肯·莱文什么也不说,跟在那个当地人身后。

10天过去了,他们走了大概400千米的路程,第11天早晨,他们果然又走回了比赛尔。不过这次肯·莱文明白了,比赛尔人之所以走不出沙漠,是因为他们根本不认识北极星,他们只是按照自己所想的一直走。

在一望无际的沙漠里，一个人如果只凭着感觉往前走，他会走出许多大小不一的圆圈，最后的足迹十有八九是一把卷尺的形状。比赛尔村位于浩瀚的西撒哈拉沙漠中央，方圆上千千米没有一点参照物，若不认识北极星，又没有任何辨明方向的工具，想要走出沙漠，确实是不可能的。

试验结束后，肯·莱文告诉当地人：只要你白天休息，夜晚朝着北面那颗星星走，就一定能走出沙漠。当地人照此去做，果然走到了大漠的边上。从此，当地人奉肯·莱文为比赛尔的开拓者，他的铜像被竖在小城的中央。铜像的底座上刻有一行字：新生活，从选定方向开始。

一个人赶路，如果不选定方向，很容易误入歧途。人生之路也是如此。如果你想改变自己的生活，就从选定一个新的方向着手吧。

## 心灵启示

因为没有方向，比赛尔村民无论如何也走不出西撒哈拉沙漠，并非他们没有能力走出去，只是他们总回到原点。其实，解决这个问题很简单，那就是学会辨识方向，为自己确定方向，然后朝着一个方向不停地走，这样就不会再回到原点了，而是奔向新的生活领域。凡事都是如此，不管你是真真正正地走路，还是做其他事情，你都要为自己确立方向。

（1）首先要学会辨识方向。走路的时候，我们一定要分清

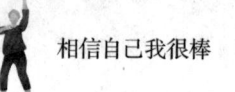

东南西北,要知道自己去往哪个方向。在人生的旅途中,我们一定要知道自己想要什么,知道自己的人生想要达到怎样的目的。

(2)其次是要确立方向。方向是根据目的确定的,如果你想去遥远的海南,那么你当然要一直往南走;如果你想去东北密林,那么你就要朝着东北方向走。人生中,如果你只想过着平淡安然的生活,那么你应该给自己制订一个安稳的生活目标,并且为之努力;如果你想出人头地,那么你必然要设立高远的目标,并且不遗余力地为自己的目标而努力奋进。

(3)不管遇到多少困难我们都要坚定不移地朝着自己设定的方向努力,因为成功总是青睐那些有着顽强毅力的人。

(4)只要选定方向,并且为之不懈努力,你就一定能够创造出属于自己的新生活!

## 别着急,你要的机遇也许就在转弯处

不管什么时候,成功总是青睐那些有坚定信念和远见卓识的人。当然,这个世界上并没有所谓的先知,很多时候,人们之所以能够实现自己的宏伟志向,正是因为坚定不移的信念支撑他们不断地走向成功。众所周知,自信的人更容易成功。和悲观怯懦的人相比,自信的人更容易充满希望和信心,在举步维艰的逆境中,他们有更大的力量和勇气坚持下去。试想,如果人们一遇到困难就唉声叹气,就绝望地放弃,又如何能够

## 第4章 相信自己，青少年就有了改变一切的力量

获得成功呢？要想成功，就必须坚定自己的信念，鼓足勇气，满怀信心，向希望奋进。自古以来，关于自信者成功的例子比比皆是，激励着无数人向自信者学习，向成功迈进。早在15世纪，伟大航海家哥伦布就凭着坚定不移的信念在茫茫大海上发现了新大陆。

伟大的航海家哥伦布曾先后4次率领船队横渡大西洋，发现了加勒比海内的巴哈马群岛，以及中美洲海峡和南美洲大陆，这一切成就的取得，都源于他坚定的信念和远见卓识。

1492年8月的一天，哥伦布带领着一批人从西班牙出发了，他们受西班牙女王的派遣，去寻找"新大陆"。船队在无边无际的大海上航行了一个多月，始终看不到陆地的影子，放眼望去只是一望无际的海水。船上的水手纷纷感到沮丧至极，没有人不后悔和这个叫哥伦布的疯子来探索什么新陆地！水手们都离开了自己的岗位，有的人懒洋洋地躺在甲板上，嘴里不停地骂骂咧咧；有的则忍不住去质问哥伦布，问他究竟要把这么一船人带到哪里去，"陆地在哪里？""鬼才知道！""这样的日子什么时候到头？""我不干了，我要回去！"这样的喊叫声此起彼伏。然而，哥伦布从未因此动摇过，他信心百倍地对水手们说："我向大家保证，3天之后我们就能够找到陆地，到那时，我将给大家双倍的奖励。"

果不出所料，3天后的早晨，一名水手站在高高的桅杆上惊喜地叫了起来："陆地！陆地！大家快来看！"大家借着初升的太阳，看见了不远处平坦的沙丘。他们拥抱着、跳跃着，

相信自己我很棒

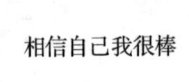

更有人兴奋得跳起舞来。这块陆地被哥伦布命名为圣萨尔瓦多，意为"救世主"。曾经抱怨连连的水手因此对哥伦布崇拜不已。

坚定的目标和信心是一个人在成功路上扬帆远航的最好指南针，有了它，没什么困难可以让你止步不前。

哥伦布之所以能够获得成功，正是因为他始终坚持。15世纪，茫茫的大海无异于危险之地，科学技术还不够发达，很多设备都原始且落后。在苍茫无边的大海上，充满着未知的危险。但是，哥伦布却毫不畏惧，他始终坚信自己很快就能看到陆地。正是在他的坚持和鼓励下，那些原本灰心和绝望的水手才能坚持下去，直到第三天早晨惊喜地看到陆地。在现实生活中，没有人的人生是一帆风顺的，在遇到困难的时候，你是像哥伦布一样凭借坚定不移的信念坚持到最后，还是毫不犹豫放弃，这几乎决定了你能否走向成功。看看那些成功人士的历史，他们的成功经历几乎都是百转千回的，因为没有人能够轻而易举地获得成功。除此之外，我们还要富于远见卓识，不要被现实的框架所限制。要知道，那些能够取得成功的人都有着发散性的思维和长远的眼光。他们不会因为眼睛只能看到寸土之地而使自己的思维受到局限，而是放眼未来，努力使自己站得更高，看得更远。

## 心灵启示

大学毕业以后，张晓明回到家乡开了一家婴儿游泳馆。那个时候，家乡人对于婴儿游泳的观念还不能接受，所以，张晓明的婴儿游泳馆生意十分清淡。接连几年，他都勉强支撑着，见此情形，父母都劝他放弃这个行业，改行做其他的。面对这种情况，张晓明始终坚持着，因为他坚信随着年轻父母的增多，生意会越来越好。果然，随着80后父母的异军突起，游泳馆的生意一夜之间变得火爆起来。年轻的父母育儿观念更加超前，再加上这几年的积累，游泳馆的会员越来越多。张晓明几年的坚持终于得到了回报，父母都夸赞他有眼光。

（1）第一个吃螃蟹的人总是需要卓越的眼光、十足的勇气、超前的意识和坚持不懈的毅力的。

（2）即使遇到困难，也不要放弃，因为，只有坚持，才能获得成功。

（3）很多时候，机会就在转弯处等待你，所以，你需要坚持，坚持，再坚持。

（4）当别人都不看好你的时候，恰恰就是你获得成功的机会。

（5）当大家都蜂拥而至做一件事情的时候，机会已经悄然远逝了。

## 青少年自我肯定，然后才能不断改变

很多时候，阻碍我们发展的力量并非来自其他人，而是我

相信自己我很棒

们自己的局限性，因此，要想突破自己，超越自己，首先应该发现自己具有无穷的力量，认可自己，相信自己，这样才能油然生出改变一切的力量，因为它就在我们的心里。我们必须首先释放自己的内心，使自己的内心变得无比强大，才能释放出内心深处的力量，改变我们的未来，改变我们的人生。假如你始终不相信自己，而把生活的希望寄托在别人身上，那么，你就无法释放自己的力量，最终会限制自己的发展，一生默默无闻。这也就是人们经常说的"心有多大，舞台就有多大"。原来，一切都取决于我们的内心。曾经有位名人说过，一个人的成就绝对不会超过他内心的高度，这句话是有道理的。认可自己，改变自己，你准备好了吗？

1947年，美孚石油公司董事长贝里奇到开普敦视察工作。偶然间，他看到一位黑人小伙子正跪在地板上擦拭，奇怪的是，他每擦完一块地板，就要虔诚地叩一下头。贝里奇百思不得其解，就问小伙子是怎么回事。这位黑人小伙子回答说，他在感谢圣人。

贝里奇还是有点奇怪，他要感谢的圣人到底是谁呢？黑人继续解释说，他之所以能找到这份工作，一定是有圣人帮助他，是圣人让他有了饭吃。贝里奇笑了，他告诉黑人小伙子说："我也曾经遇到过一位圣人，这位圣人使我成了美孚石油公司的董事长，我可以引见你认识他，你愿意去拜访他吗？"

黑人说："我是个孤儿，从小靠教会抚养，我很想报答教会的养育之恩，如果这位圣人能让我在养活自己的同时，还有余钱来了却心愿,我非常愿意去拜访他。可是,如果我离开去拜访圣人,我的饭碗就保不住了。"

贝里奇说:"你知道南非有一座很有名的大温特胡克山吗?我所说的圣人,就住在那里。他能为人指点迷津,所有经过他点化的人都会有一个大好前程。20年前,我到南非登上了那座山,找到了那位圣人并得到了他的指点,所以我才有了今天的地位。如果你愿意去,我可以替你向你们的经理说情,准你一个月的假。"

于是,黑人小伙子向南非出发了。在那30天里,他一路披荆斩棘,风餐露宿,过草地,穿森林,历尽艰辛,最后终于登上了白雪皑皑的大温特胡克山。他在山顶徘徊寻找了一天,除了自己,他什么都没看到。

黑人小伙子失望地回到了开普敦,当贝里奇问他看到了什么时,他懊丧地说:"很抱歉,董事长,我在山顶上找了一天,可是我发现,除了我自己以外,根本没有别人。"

贝里奇大笑道:"你说得对!除了你自己之外,根本没有别人能给你指点迷津。"

20年后,这位黑人小伙子成了美孚石油公司开普敦分公司的总经理。2000年,他作为美孚石油公司的代表参加了在上海举办的世界经济论坛大会。在一次记者招待会上,记者让他谈谈自己传奇般的经历,他只说了这么一句话:"当你认可自己的那一天,就是你遇到圣人的时候。"

很多人期待会有别人来帮助自己,其实在这个世界上,能

相信自己我很棒

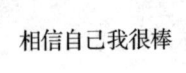

帮助你成功的就是你自己。当你发现自己的那一天,也就是你拨开迷雾、走向成功的那一天。

## 心灵启示

如果不是贝里奇的启示,黑人小伙子也许时至今日还在为自己拥有一份清洁地面的工作而感恩。这是因为他的心始终局限于这个地方,局限于这份工作,而眼睛受到了蒙蔽,无法看到更加开阔的未来。幸运的是,他遇到了贝里奇,并且知道了那个能够改变自己命运的圣人正是自己,因此,20年之后,他才得以成为美孚石油公司开普敦分公司的总经理。身居高位之后,再次回忆起自己传奇般的经历,他必然感慨万千。是的,我们也应该记住他的传奇经历,记住:认可自己的那一天,就是你遇到圣人的时候。

(1)这个世界上,唯一能够掌握你命运的就是你自己,你就是自己的圣人。

(2)不管什么时候,我们都应该立志高远,应该规划自己的未来,而不要只盯着眼前的那块地。

(3)当你发现了自己,并且坚持不懈地努力开拓自己的人生,你离成功也就不远了。

(4)不管什么时候,都要相信自己是命运的主宰,都要牢记自己的命运握在自己的手中。

## 自信，让每个青少年无往不利

很多时候，我们不相信自己，因而放弃了很多我们原本有能力实现或者完成的事情。其实，只要我们坚持一下，给自己鼓鼓劲，我们就能够战胜自己，超越自己，创造出生命的奇迹。要想获得成功，要想使生活变得更加从容，我们就应该从相信自己开始，你会发现，生命在你面前展开了坦途，一切都变得开阔，生活充满了希望。

洛克·里兹是一个5岁的小男孩。有一天，他和母亲开着小货车走在阿拉巴马的乡间小路上。他悠闲地睡在前座，脚舒服地放在母亲凯丽的大腿上。

凯丽小心地将小货车从两车道的乡村小路转向狭窄的小桥。没想到路上有一个坑，使整辆车滑出路面，冲向路边，右前轮也因此凹陷了。凯丽害怕整个车子翻了，于是赶紧用力踩油门，并把方向盘转向左边，试图把车子拉回路上。但不幸的是，洛克的脚卡在凯丽的腿和方向盘中间，因此车子失去了控制。

小货车跌跌撞撞地掉到20米深的峡谷中，洛克这时醒了过来："妈妈，发生什么事了？为什么车子会四脚朝天了？"这时的凯丽满脸是血，车子的变速杆插进了她的脸，从额头到嘴唇都被撕裂了，牙龈残破，肩膀也被压碎了。一段粉碎的骨头竟从她的腋下穿出，整个人则被支离破碎的车门压得动弹不得。

而洛克竟奇迹般地毫发未伤，虽然他也很害怕，不过他想自己已经是个小男子汉了，于是他说道："妈妈，我会带你出

相信自己我很棒

去的。"他从凯丽的下面爬了出来,从车窗爬出了小货车,并试图将母亲拉出车子,但凯丽一动也不能动。凯丽在昏昏沉沉中只能哀求儿子:"不要管我了,让我睡一下吧。"洛克则大声叫道:"妈妈,你要坚持住,千万别睡着!"

洛克又钻进了小货车,并努力将凯丽推出车子的残骸,他告诉凯丽,他要到马路上去拦车子求救。由于担心这么小的孩子会遇上居心不良的人,凯丽不让洛克一个人去。母子二人只好慢慢地爬上堤防,洛克用瘦小的身躯将重自己两倍半的母亲往上推。就这样,一寸一寸地往上爬。凯丽感到十分疼痛,几次想要放弃,但是洛克始终鼓励她。洛克给妈妈讲起了小火车的故事,这个故事讲述了小火车虽然只有小小的引擎,但是却能爬上陡峭的山头。为了让妈妈振作起来,洛克不断地重复故事中的话,"我相信你能做到,我相信……"

仿佛过了一个世纪,他们终于爬到了路边。洛克看着母亲满脸是伤,泪流满面,他挥舞着双手,对着过路的车喊道:"请停下来,救救我的妈妈!"

凯丽被送到了医院,总共花了8个小时,缝了344针。虽然现在她的鼻子是扁的、脸颊塌陷,但是她活下来了,而且对正常生活几乎没什么影响。

5岁的洛克立刻成了小英雄,但洛克却说:"这一切都在意料之外,我只是相信我能救出我的妈妈,我也相信妈妈一定可以坚持下来。"

## 第4章 相信自己，青少年就有了改变一切的力量

### 心灵启示

最近，陪伴儿子一起去练习跆拳道，他有点儿胖，不过力气比较大，因此，每节课的动作练习对他来说不算难点，但是到了身体素质练习，他就觉得有点儿痛苦了。每节课的最后他都要在木质地板上做30个仰卧起坐，做3~5分钟的双腿悬空动作，做整个身体趴在地上然后尽量背部翘起的动作30个，做头部和腿部都尽量往背部靠近的动作，支撑3~5分钟。儿子不擅长做仰卧起坐，尤其是在坚硬的地板上，没有任何弹性。所以，做30个对他来说很难。好不容易坚持做完，还要做那个双腿悬空的动作3~5分钟，这个动作更是难上加难，完全需要依靠腹部和臀部的力量支撑。儿子坚持了很短的时间就开始哽咽起来，令我欣慰的是，虽然他忍不住流眼泪，但是却没有放弃，虽然过程中手部和腿部的肉都有点儿哆嗦，但是他一直坚持到了最后。后面的两个动作也是这样的。跆拳道课程结束之后，儿子每晚回家都坚持练习这两个动作。现在，他已经能够在不流泪的情况下做完这些身体素质练习了，我想，他会渐渐感到轻松的。

（1）很多时候，并非我们的能力真的达不到，只是缺乏坚持再坚持的毅力，缺乏对自己的信任，缺乏那满满的希望和力量。

（2）跆拳道课上，素质练习的时候，虽然儿子哭了，但是他却坚持着做完了，这就是一种自信。因为自信，他不放弃。

（3）因为相信自己一定能做好，儿子回家之后每晚都坚持练习。

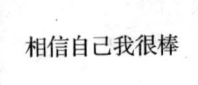

（4）我想，儿子不仅仅在跆拳道方面战胜了自己，他在其他方面也会越来越自信的。

（5）心有多大，舞台就有多大，只有相信自己，你才能为自己找到最广阔的舞台。

## 青少年有必胜的信念，才有可能获得成功

只要你有信心，那么，一切皆有可能。是的，信心能够创造奇迹，而且是这个世界上唯一能够创造奇迹的力量。可想而知，如果你没有信心，那么，成功必将离你远去，你将沉沦于困境中。在生活中，很多看似不可能的事情最终得以实现，恰恰是信心创造的奇迹。信心与成功之间的关系似乎很微妙，我们总是说不要好高骛远，不要眼高手低，而实际上，信心与这些截然不同。假如说好高骛远是空想，眼高手低是不付诸实践，那么信心则是对一件事情满怀必胜的信念，并且为此而付出执着的努力。只有这样，你才能获得成功。那么，你做到了吗？你成功了吗？

1949年，一位年仅24岁的年轻人走入了社会。因为他的父亲常跟他说"通用汽车公司是一家经营良好的公司"，因此他决定到通用去看看。

这位年轻人充满自信地走进美国通用汽车公司的大门，应聘会计一职。面试时，他的自信给应试考官留下了非常深刻的

## 第4章 相信自己，青少年就有了改变一切的力量

印象，而通用良好的工作作风也让他更加坚定了留在这里的决心。当时会计的职务只有一个空缺，考官告诉他做会计工作十分艰苦，一个新手可能很难应付。不过当时他只有一个念头，就是无论如何也要进入通用汽车公司，他认为只有这里才能展现他的能力和才华。

后来，这位年轻人的坚定信念感动了应试考官，并决定录用他。考官对自己的秘书说："也许你很难相信，我刚刚录用了一个想成为通用汽车公司董事长的年轻人。"

这位年轻人就是1981年出任通用汽车公司董事长的罗杰·史密斯。

与史密斯同在通用公司的阿特·韦华金后来回忆道："在我们最初开始合作的一个月中，罗杰一本正经地告诉我，他将来一定会成为通用的董事长。我当时觉得他真是在说笑话，没想到他真的成功了。"

### 心灵启示

当然，在这个世界上，并非每个人都能成为通用汽车公司的董事长，毕竟，这种巨大的成功并非谁都能获得的。不过，幸运的是，成功的定义有很多，并非只取决于一个标准。如果你是一名学生，也许，熟练地记住100个单词就是你的成功；如果你是一名营业员，也许，在一天里销售出去一定数量的商品就是成功；如果你是一名科学家，也许，研究出一种能够造福人类的科技产品就是成功；如果你是一名环保专家，也许，使人们更加热爱环

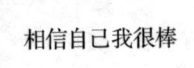

境、珍惜环境就是成功……总而言之，成功的定义有千千万万种，只要你能够获得自己的成功就足够了。

毋庸置疑，要想获得成功，不管在哪个领域，你首先应该充满信心。试想，如果一个人刚开始就怀疑自己，否定自己，那么，他还能获得成功吗？当然不能。因为没有人愿意相信一个不自信的人，更没有人愿意帮助一个不自信的人。只有相信自己，充满自信，别人才会相信你，慷慨地帮助你，辅佐你，使你最终获得成功。

在上述事例中，罗杰·史密斯1949年进入通用公司，1981年才得以升任通用公司的董事长。他之所以能够取得成功，完全是因为他在这整整31年里始终坚定不移地相信自己一定能够成为通用公司的董事长，正是在这种信念的支撑下，他才能够几十年如一日地努力，从未放弃。可以想象，他在这31年里肯定遇到过很多困难，但是，因为信心，他战胜了一切困难和阻碍，最终实现了自己的梦想。从罗杰·史密斯的身上，我们不难得到一些启示：

（1）一定要为自己树立一个远大的目标，并且有计划地向着自己的目标奋进。

（2）一定要对自己有信心，只有坚定的信心，才能助你坚定不移地向着自己的目标前行。

（3）即使遇到困难，也不要放弃，让信心成为你的支柱，支撑着你渡过重重难关，最终抵达胜利的彼岸。

（4）只要你坚定信心，成功就一定会降临。

第4章 相信自己，青少年就有了改变一切的力量

## 与众不同的少年绝不人云亦云

在生活中，面对各种各样的事情，人们总会发出不同的声音。这是因为，每个人的成长经历、教育背景和观念不同。在这种情况下，我们是从谏如流呢，还是固执己见呢？其实，不管是从谏如流，还是固执己见，都并非最好的选择。面对不同意见，如果不假思索地采取，就会失去自我，成为别人的附庸；如果一概而论地否定，就会犯固执的毛病，也许还会因此而犯错误。因此，最重要的是，开动我们的脑筋，认真分析与思考，最终得出自己认为正确的结论，并且坚持自己所认为正确的结论。

细心的人不难发现，在人类的历史长河中，那些能够在历史上刻上浓重一笔的人物，都有自己的想法和原则。他们虽然很宽容，也善于采纳别人的意见，但却从来不会迷失自己。他们有自己的想法，坚持自己的原则，并且善于分析问题，得出最正确的结论。一旦他们认为自己是正确的，就不会轻易被别人的想法所左右，而是坚持自己的想法，努力证实自己是正确的。这种人从来不随波逐流，而是始终在自己的轨道上运行。这种人不管在哪里，都像一颗钉子，假以时日，总会崭露头角，引人注目。作为普通而又平凡的我们，未必人人都能在历史上留下浓墨重彩的一笔，也应该坚持己见，坚持原则。要想变得与众不同，你就应该拒绝随声附和，而要坚持做最真的自己。

小泽征尔的名字如雷贯耳，他是20世纪最杰出的音乐家之

相信自己我很棒

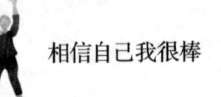

一。很早以前，小泽征尔在中国演出时，无意中听到了盲人阿炳的《二泉映月》。他哭了，当场跪下！他感慨地说："这样的音乐应该跪着听！"于是，许许多多的中国人深深地记住了这个日本人的名字。同时，被整个世界认识和记住的，还有他充满挑战性的自信心。

在小泽征尔成为世界著名的交响乐指挥家不久，在一次世界优秀指挥家大赛的决赛中，评委会随机抽取了一份乐谱给他，然而，这份乐谱的难度非一般人能够指挥的。他按照评委的要求指挥演奏，但刚演奏不久，他就敏锐地发现了不和谐的声音。起初以为乐队演奏出了问题，就停下来重新演奏，但还是不对。他大声地对台下的评委说："我觉得乐谱有问题。"这时，在场的作曲家和评委会的权威人士坚持说乐谱绝对没有问题，是他错了。面对一大批音乐大师和权威人士，他思考再三，最后斩钉截铁地说："不！一定是乐谱错了！"话音刚落，评委席报以热烈的掌声，祝贺他大赛夺冠。

原来，这是评委们精心设计的"圈套"，以此来检验指挥家在发现乐谱错误并遭到权威人士"否定"的情况下，能否坚持自己的正确主张。前两位参加决赛的指挥家虽然也发现了错误，但终因没有坚持自己的观点，随声附和权威们的意见而被淘汰。小泽征尔却因充满自信摘取了世界指挥家大赛的桂冠。

## 心灵启示

小泽征尔之所以能被很多人记住，不仅是因为他被中国的

《二泉映月》感动得泪流满面，当场下跪，更是因为他在世界优秀指挥家大赛中出色的表现。面对乐谱的错误，他先是反省自身，重新演奏，经过再三思考，确定是乐谱出错了。面对大赛评委的质疑，他丝毫没有退步，而是坚持说乐谱错了，最终在大赛中荣获冠军。虽然在他之前的两位参赛的指挥家也曾发现了乐谱上的错误，但是，在大赛评委的质疑声中，他们没有坚持自己的判断，而是选择接受大赛评委的意见。由此可见，错误是很容易被发现的，最重要的是坚持。

其实，不仅仅参加比赛的时候需要坚持，在生活中，当面对很多事情的时候，我们也应该向小泽征尔学习，首先反省自身，在确定自己是正确的前提下，学会坚持。

（1）发现错误的时候，我们首先应该从自身寻找原因。

（2）在确定自己是正确的前提下，我们应该勇敢地发出不同的声音，而不要被权威的意见左右，更不要迷信权威。

（3）即使别人都说你是错的，你也应该认真地验证自己正确与否，从而更加有力地坚持自己的意见和观点。

（4）在反复验证自己是正确的情况下，你一定要坚持，再坚持，不要随声附和。

（5）只有坚持，你才能获得最终的胜利，才能成为一个与众不同的、有独特见解的人。

相信自己我很棒

## 青少年尽早树立梦想，为人生找到方向

梦想就像一盏引航灯，指引着我们的人生之舟朝向既定的方向航行，帮助我们实现梦想。然而，在现实生活中，大多数人都没有实现自己的梦想，究其原因，是因为他们没有坚持自己的梦想，没有将其当成自己人生的引航灯，只是把它作为一个纯粹的梦想，一个说说而已的梦想，说完了，就抛诸脑后了，就忘记了。而那些凤毛麟角的成功者，他们之所以成功，恰恰是因为他们坚持了自己的梦想，始终为了自己的梦想而不懈地努力。也许，你会说你也有梦想，但是，你切实去做了吗？因为，梦想的实现不仅仅源于口头或者一时的想法，而是源于长久不懈的努力，源于一点一滴的积累和一步一步的跋涉。

有个叫罗迪的英国退休教师，一天，他在阁楼上整理自己的物品，发现了一叠练习本。这是他50年前所教的那批学生的作文，题目叫作：未来我是……

罗迪随便地翻着，很快他就被孩子们那些五花八门甚至出奇的梦想吸引住了：一个小家伙说，未来的他会成为一个海军大将，指挥着全国的海军部队，威风得很；有一个说自己将来会成为法国总统，因为他的爷爷是个法国人；有一个小姑娘说，她将来会成为王妃，和王子坐着南瓜车，还住在城堡里；有一个盲童，说自己想成为内阁大臣；还有想成为海豚训练师的，有想当领航员的，有想成为香水制造师的……孩子们的梦想千奇百怪，天马行空。

看着看着，罗迪忽然产生了一个想法：曾经有过梦想的这些孩子，现在在做什么呢？他们是否实现了当初的梦想呢？他想把这些本子还给50年前的那些孩子。于是他在很多报纸上刊登了这则启事。

一年过去了，那叠练习本渐渐地被人领走了。他们感谢老师还留着50年前的作文，他们看到自己当初的梦想，都感动得流下了眼泪。可是，他们谁也没有实现自己的梦想。最后，还剩下一个练习本没人认领，它的主人就是那个想成为内阁大臣的盲童大卫。罗迪想，也许大卫无法看到报纸，不知道这个消息吧。

就在罗迪想把那个本子收藏起来的时候，他收到了内阁总理大臣布伦克特的一封信。他在信中说："亲爱的罗迪老师，那个叫大卫的孩子就是我。感谢你还为我们保存着儿时的梦想，但是我想我不需要那个本子，因为从种下那个梦想后，它就一直存在于我的脑海中，我一天也没有忘记。50年过去了，我可以自豪地说，我实现了那个梦想！"

梦想和现实总是有很大的差距，只有终生怀有希望并不断努力的人，才能实现自己的理想。

## 心灵启示

毫无疑问，每个人的心目中至少有过一个瑰丽的梦想。我们梦想着自己成了天边那颗最璀璨的星星，甚至梦想着成为万众瞩目、群星环绕的月亮。也有些人的梦想很卑微，他们也许

相信自己我很棒

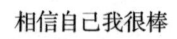

仅仅幻想着自己的生活会比父辈更加富裕、幸福,幻想着自己能够在一个领域之中做出一番成就,或者幻想着自己能有一份安稳的生活,过着平淡的日子。不管你的梦想是绚烂夺目,还是平实可触,要想实现这些梦想,有一点是共同的,那就是你必须把你的梦想种在心里,让它生根发芽,不断地指引你在人生之路上前进、奋斗。

作为老师,罗迪一定认为那个盲童的梦想在所有学生的梦想中是最难实现的,因为他的双目看不到任何东西,这就注定了他即使像常人一样生活,也必须付出加倍的努力,更何况成为内阁大臣呢?出乎他的意料,在所有健全的学生之中,没有任何人实现自己的梦想,只有这个盲童,成了内阁总理。因为一直把梦想刻在自己的脑海里,他甚至超越了自己的梦想。从大卫的身上,我们应该得到启迪,从今天开始也把自己的梦想刻在心里。

(1)不要因为有些事情遥不可及就放弃。随着时间的流逝,只要你不断地努力,它终将被实现。

(2)梦想即使非常遥远,只要你一步一步地跋涉,终有一天,你会实现自己的梦想,甚至超越自己的梦想。

(3)你想成为怎样的人,你最终就会成为怎样的人。你的未来取决于你的梦想和决心。

(4)从今天开始,为自己树立一个远大的理想,并且将其深深地刻在脑海中吧,它会指引你不断地走向成功!

# 第5章

## 马上去做，青少年灿烂人生从你行动的那一刻开始

在这个世界上，没有任何成功是一蹴而就的，我们总是看到别人如何辉煌，却忽略了他们曾经的努力和他们所尝试的无数艰辛。其实，一个人，不管他获得了多么大的成功，他的开始都是非常简单的，甚至是微不足道的。正是因为他从不自轻自贱，而是坚定不移地做着自己想做的事情，所以，他最终获得了万人瞩目的成功。所以说，成就自己，始于你决定要做的那一刻。

相信自己我很棒

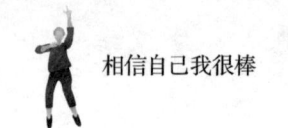

## 青少年将任何一件简单的事做到极致，就能成功

很多时候，我们的人生理想看起来遥不可及，这直接导致很多人经常立志，但是却没有勇气坚持到最后。而有些人却始终坚持下去，直到实现自己的远大理想，甚至超越了自己的理想，取得了更为辉煌的成就，这些人就是普通人眼中的成功者。那么，为什么有的人能够实现自己的理想，有的人却总是空立志呢？究其原因，就在于他们能否坚持下去。确实，要想实现一个看似遥不可及的理想是很难的，尤其是在遇到重重困难很难坚持下去的时候。在这种情况下，我们完全可以把这个无比远大的理想分解成一个个比较容易实现的目标，然后，逐一完成这些小目标，直至实现那个远大的理想。从心理学上来说，这是对人们的一种激励机制。人们总是很容易放弃那些看似无法实现的事情，因为实现的过程过于漫长，使人无法坚持。而对于那些比较容易实现的阶段性目标，人们则能够从实现的过程中获得对自己的认可，从而更加不懈努力。由此可见，许多人并非一蹴而就地取得成功的，而是从最简单的事情做起，一步一个脚印地走向成功的。那些被众人无限敬仰的成功者，都是从最简单的事情做起的，他们的成功，贵在坚持做那些不起眼的小事情，滴水石穿。

汉姆患有严重的恐高症，可是他却在1983年徒手攀登上了位于纽约的帝国大厦,并创造了徒手攀登人工建筑物的吉尼斯世界纪录,赢得了"蜘蛛侠"的称号。

美国恐高症康复联合会主席诺曼对此感到大为惊讶,一个连站在一楼阳台上都会心跳加速的人,竟然能徒手攀登上四百多米高的大楼,这真是一个令人难以相信的事实,他决定亲自去拜访汉姆,想向他请教一下登上帝国大厦的秘诀。

诺曼来到汉姆家,他们正在举行一个庆祝会。十几名记者正围着一个老太太进行采访。原来汉姆97岁的老祖母听说他创造了一项吉尼斯世界纪录,特地从100千米外的家赶来,而且这位老人居然是徒步走来的,她想以这个行动为汉姆祝贺,谁知老人在无意之间又创造了一项耄耋老人徒步行走的吉尼斯世界纪录。

《纽约时报》的一位记者向老人提问:"老人家,当你决定徒步前来的时候,是否想过这一百多千米的路途对你的体力是个很大的考验呢?"

"小伙子,"老人笑了笑,接着说道,"当你打算一口气跑100千米的时候,确实是需要勇气的,但是走100米是不需要勇气的,只要你走100米,接着再走100米,然后再走100米,100千米就这样走完了。"

诺曼站在一旁,听到老人的这番话,豁然间知晓了汉姆攀登上帝国大厦的秘诀。

相信自己我很棒

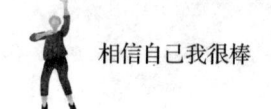

## 心灵启示

对于一个97岁的老人来说，徒步行走100千米几乎是不可能实现的事情，但是，老人却将100千米分成了若干个100米，最终达到了这个目的地，并且创造了耄耋老人徒步行走的吉尼斯世界纪录。由此可见，对于有毅力的人而言，成功就是坚持不懈地做好每一件简单的事情。从这个意义上来说，患有恐高症的汉姆登上帝国大厦也就不足为奇了，因为，即使汉姆患有恐高症，1米对他也是轻而易举就能够攀登到的高度。假如他把帝国大厦的高度分解成若干个1米，那么，他只要坚持爬到一个又一个的1米就可以了。

如此简单的道理，在现实生活中，很多人却不明白，所以，他们总是在实现自己理想的过程中半途而废。倘若我们也能够借鉴汉姆和其祖母的方法，分解自己的远大理想，使其变成一个个容易实现的目标，那么，我们就更容易实现自己的理想，获得成功。

（1）成功并非我们想象中的那般艰难和遥不可及，只要我们能够从最简单的事情做起，我们就离成功越来越近。

（2）要学会分解自己的目标，使远大的理想变成一个个易实现的阶段性目标，这有助于你坚持实现自己的理想。

（3）想想100米和100千米之间的距离吧，你离成功也是这个距离。不过，年轻力壮的你显然比97岁的老祖母精力更旺盛，所以，坚持对于你来说应该更容易做到。

（4）只要你有恒心和毅力，你就能战胜一切困难，实现那看似无法企及的梦想。

## 青少年与其抱怨，不如改变自己

不管我们如何抱怨，从本质上来说，生活给予我们的一切都是平等的。它给予每个人足够的阳光、空气和水，使我们获得了生存下去的基本条件。在广袤的大自然中，有各种各样的食物供我们食用，使我们得以存活。在满足了最基本的生存条件之后，为什么有的人活得很幸福快乐，而有的人却活得那么艰难和痛苦呢？有人说这是因为生活的不平等，对于这种人而言，活着从来不是一件使人开心的事情；有的人说这是自己的心态问题，这个答案很好，给出这种答案的人往往生活得很幸福，因为他们意识到了生活的幸福与否取决于我们的内心。我们很难改变生活，生活中的困难和苦难总是接踵而至。我们唯一能够改变的就是自己，只有自己改变了，我们才更有力量去为自己创造幸福的生活。所以，不要抱怨生活，而要尝试改变自己。

一个女儿向身为厨师的父亲抱怨她的生活，抱怨事事都那么艰难。她的父亲把她带进厨房。他先烧开三锅的水，然后往第一只锅里放些胡萝卜，往第二只锅里放一只鸡蛋，往最后一只锅里放入碾成粉末状的咖啡豆。他将它们浸入开水中煮，一

相信自己我很棒

句话也没有说。大约20分钟后,他把火闭了,把胡萝卜捞出来放入一个碗内,把鸡蛋捞出来放入另一个碗内,然后又把咖啡舀到一个杯子里。做完这些后,他才转过身问女儿,"孩子,你看见什么了?"

"胡萝卜、鸡蛋、咖啡。"女儿回答。父亲让她靠近些并让她用手摸摸胡萝卜。她摸了摸,注意到它们变软了。父亲又让女儿拿一只鸡蛋并打破它。将壳剥掉后,他看到了那是只煮熟的鸡蛋。最后,他让她喝了咖啡。品尝到香浓的咖啡,女儿笑了。她怯怯地问道:"父亲,这意味着什么?"

父亲解释说,这三样东西面临同样的逆境——煮沸的开水,但其反应却各不相同。胡萝卜入锅之前是强壮的、结实的,毫不示弱;但进入开水之后,它变软了、变弱了。鸡蛋原来是易碎的,它薄薄的外壳保护着它呈液体的内脏。但是经开水一煮,它的内脏变硬了。而粉状咖啡豆则很独特,进入沸水之后,它们倒改变了水。"哪个是你呢?"父亲问女儿,"当逆境找上门来时,你该如何反应?你是胡萝卜,是鸡蛋,还是咖啡豆?"

## 心灵启示

面对同样的沸水,胡萝卜、鸡蛋和咖啡出现了截然不同的反应。它们就犹如生活中不同类型的人。有的人虽然看起来很坚强,但是却没有韧性,一旦经过生活的磨炼,他们就会变得很软弱,这种人就像胡萝卜;有的人虽然看起来非常坚硬,却有着一颗柔软的心,经过生活的磨炼,他们的内心不再柔软,变得非常坚硬,变得麻木,被动地顺从地接受生活的磨难,这种人就像鸡蛋;有的人则与前面两种人截然不同,虽然他们看起来没有固定的形状,也不够坚硬,但是他们却能够融入生活。当生活的湍流变急,他们就顺势改变自己;当生活的水流变得平缓,他们就奔向自己的目标;当生活是冰水,他们就保存自己仅有的热量;当生活是沸水,他们就顺势融入生活。他们反倒改变了生活,使生活越来越接近于自己所期望的那样。毫无疑问,第三种才是真正适应生活的人,他们不但适应了生活,而且顺势改变了生活。他们活得从容而又坦然,从不怨声载道,反而生活得顺心如意。面对生活的沸水,你愿意成为哪种人呢?

(1)我们无法完全按照自己的意愿改变生活,在这种情况下,不如相机而动,顺势而为,迅速融入生活。

(2)要想改变生活,首先要改变自己的心态,生活是不愿意为一个整日愁眉苦脸的人展开笑颜的。

(3)既然抱怨无济于事,你不如微笑着面对生活。

(4)生活就像一面镜子,反射出来的是你的内心。

## 青少年不走寻常路,可能获得不一样的成功

在心理学上,有一种从众心理。所谓从众心理,指的是独立的个体很容易受到外界人群的影响,从而改变自己的行为,

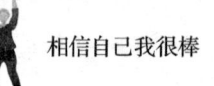

使其符合公众舆论或绝大部分人的行为方式。在现实生活中，从众现象非常普遍，大多数人都有从众心理。为了研究从众心理，学者阿希曾经做过一个实验，结果证实，测试人群中只有极少数的被试者能够保持独立性。一般情况下，比较独立、有主见的人很少发生从众行为，而发生从众行为的人大都缺乏主见，喜欢随大流。我们不能说从众心理是好的还是坏的，然而，唯一确定的是，大多数成功者都是独辟蹊径、与众不同的。那些成功者往往能够跳出寻常的思维定式，有着使人耳目一新的做法以及想法。毫无疑问，假如一个人墨守成规，通常不会有什么大作为。鲁迅先生曾经说："吃别人嚼过的馍是没有味道的。"确实，在茫茫无边的大千世界中，只有冒出尖来的钉子才能引人注目。

美国的杰克先生原先从事过沉船寻宝工作，在遭遇那只高尔夫球之前，他的日子过得很平凡。一天，他偶然看到一只高尔夫球因为打球者动作的失误而掉进了湖水中，霎时，他仿佛看到了一个机会。他穿好潜水服，跳进了郎伍德"洛岭"高尔夫球场的水障湖中。

在湖底，他惊讶地看到白茫茫的一片。足足散落堆积了成千上万只高尔夫球。这些球大部分都跟新的没什么区别。球场经理看了这些球后，答应以10美分一只的价钱收购。他这一天捞了两千多只，得到的钱相当于他一周的薪水。后来，他每天把球捞出湖面，带回家让雇工洗净、重新喷漆，然后包装，按新球价格的一半出售。没多久，其他的潜水员闻风而动，从事这项工作的潜水员多了起来,杰克干脆从他们手中收购这些旧球,每只8美分,每天都有8万~10万只这样的高尔夫球被送到他设在奥兰多的公司。现在,他的高尔夫球回收利用公司一年的收入已达800万美元。

对于掉入湖中的高尔夫球,别人看到的是失败和沮丧,杰克却说:"我主要是善于从别人忽略的事物中获得益处。"

## 心灵启示

世界始终处于变化之中,凡事都在不断地发展,所以,我们应该用发展和变化的眼光去把握身边的一切事情,做出正确的决断。举一个最简单的例子,现在有两片桃林,绝大多数人都走进了其中的一片桃林,只有极少数人走进了另外一片桃林,那么,你跟随谁呢?从众者会选择跟随大多数人,然而,因为前面有很多人摘过桃子,所以你能摘到的桃子很少。与此相反,虽然只有少数人进了另外一片桃林,但是,因为前面摘桃子的人少,所以你反而能够得到更多的收获。虽然这个例子非常浅显,然而道理却是明白无误的。由此可见,不管遇到什么事情,我们都应该认真思考和分析,从而做出最正确的判断,千万不要因从众心理而影响自己的决断。

传说,公元前233年的冬天,马其顿亚历山大大帝出兵攻打亚细亚。当他抵达亚细亚的弗尼吉亚城的时候,听到城里的居民们说有个非常著名的预言:几百年前,弗尼吉亚的戈迪亚斯王在他的牛车上系上了一个非常复杂的绳结,并且当众宣告,

相信自己我很棒

只要有人能够解开它,这个人就能够成为亚细亚王。从此,每年都有很多人特意赶来看戈迪亚斯的绳结。虽然各个国家的武士和王子都曾试图解开这个绳结,但却总找不到绳头,他们甚至不知从哪里下手。

出人意料的是,亚历山大轻而易举地解开了这个难题。人们带他去朱庇特神庙里看了这个神秘的绳结,亚历山大观察片刻之后,直接挥剑斩开了绳结,彻底解开了这个保存了数百载的难解之结。

在面对难题的时候,你能够像亚历山大一样挥剑斩开绳结吗?

(1)马上展开行动,不要被固有的思维所局限,而要打破常规,突破禁锢。

(2)要有创造思维,为生活注入全新的活力。

(3)不要从众,要独辟蹊径,这样才能别有洞天。

(4)当断则断,不要优柔寡断,要像亚历山大一样有决断力,有魄力。

## 青少年不要因为畏惧困难而放弃执行

很多人都喜欢鲜花,尤其是在寒冬腊月的时候,如果屋子里能够有一盆盛开的鲜花,那简直是一种莫大的享受,毕竟,物以稀为贵。而且,鲜花能使人心情愉悦。为了使人们在严寒的季节里也能够享受春天般的惬意，温室应运而生了。在植物界，温室里的鲜花当然是价格昂贵的。殊不知，在生活中，也有温室里的鲜花。去动物园的时候，人们会惊讶地发现老虎温柔得如同大猫，懒洋洋的，没有丝毫野性。究其原因，是它们的野性在人类驯养的过程中渐渐消失了。毫无疑问，这是老虎的悲哀。除了在温室里的老虎以外，很多孩子也是在温室里长大的。他们家庭条件优越，始终在家庭、学校的关怀下成长，根本没有机会接触社会的另一面。长期在这种优越的环境中成长，使他们犹如温室中的鲜花一样，只能适应温暖舒适的环境，一旦走入社会，他们就无法适应。很多父母原本是出于爱孩子的心理才无微不至地照顾孩子，但是，当孩子长大之后无法适应复杂多变的社会时，这种爱显然变成了害。其实，养育孩子应该将其放置在比较自然的环境之中，而不要给予孩子过多的保护。否则，就会限制孩子各项能力的发展，甚至丧失很多能力。要知道，能够搏击长空的鹰才是真正意义上的鹰，动物园鹰山上的鹰已经不是一只合格的鹰了。

动物园里的小骆驼问妈妈："妈妈，妈妈，为什么我们的睫毛那么长？"

骆驼妈妈说："当风沙来的时候，长长的睫毛可以阻挡沙尘。"

小骆驼又问："妈妈，妈妈，为什么我们的背那么驼，丑死了！"

骆驼妈妈说："这个叫驼峰，可以帮我们储存大量的水和养分，让我们在沙漠里忍受十几天的无水无食条件。"

小骆驼又问："妈妈，妈妈，为什么我们的脚掌那么厚？"

骆驼妈妈说："这可以让我们重重的身子不至于陷在软软的沙子里，便于长途跋涉啊。"

小骆驼高兴坏了："哇，原来我们这么有用啊！可是妈妈，为什么我们还在动物园里，不去沙漠远足呢？"

骆驼妈妈说："因为这里安全、舒服，虽然外面的世界很精彩，沙漠也是最能实现我们价值的地方，但那里有艰辛，更有苦难，难道你不畏惧吗？"

小骆驼一脸迷茫地看着妈妈，不知道该说些什么。

## 心灵启示

骆驼号称"沙漠之舟"。假如一只骆驼只能生活在动物园里，那么，它原本为了遮蔽风沙的长睫毛、储存水和养分的驼峰、防止陷入沙中的厚脚掌还有什么用处呢？要知道，只有在沙漠之中，骆驼的价值才能够得以实现。为了安逸的生活环境而放弃自己的价值，使自己变成供人玩赏的东西，就会渐渐地迷失自我。

其实，不仅仅是骆驼，人也是如此。人的本性就是趋利避害，毫无疑问，每个人都喜欢安逸的生活环境，人人都喜欢享乐。然而，如果人生只剩下享乐，那么，活着又有何意义？我们千万不要像骆驼妈妈那样，因为畏惧沙漠的艰苦，就放弃自己的价值，而应该勇敢地实现自己的价值，为整个社会作出贡献。

（1）古人云，由奢入俭难，由俭入奢易。生活也是如此，一旦沉迷于安逸的生活环境之中，人们就会失去斗志。正因为如此，越王勾践才会卧薪尝胆，以便使自己时刻牢记国恨家仇。

（2）人生来都是有价值的，我们应该选择属于自己的地方，实现自己的价值。

（3）如果生活只剩下享乐，就会变得毫无意义。

（4）不要成为动物园里的骆驼，而要成为"沙漠之舟"。

## 青少年要想克服恐惧，唯有现在就行动

从内心深处来说，几乎每个人都有自己的理想和追求，或者是名望，或者是权势，或者是金钱，或者是爱情，或者是真理等。然而，这些人最终的成就却是截然不同的。在所有人中，只有极少数人通过努力获得了成功，而绝大部分人不是止步不前，就是惨遭失败，甚至还有人始终处于犹豫之中。原因是什么呢？唯一的区别就在于是否敢想敢做。通过考察成功人士，我们不难发现，但凡成功人士都是敢想敢做的。世界前首富比尔·盖茨曾经说过："就算拿走我所有的财产，我也能够依靠我的大脑重新变得富有。"这句话听起来十分简单，但是却说出了一个发人深省的道理，即财富的创造取决于一个人的思维和理念。敢想，一则是说要有明确的目标，二则是说要有强烈的欲望。当然，除了想之外，马上去做也是至关重要的。

相信自己我很棒

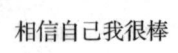

不管多么好的设想,假如没有行动作为支撑,那么,就只能停留在空想的阶段。行动是改变一切的力量,只有行动,才能推动我们的生活不断前行。在生活中,大多数人面对恐惧的时候最常采用的方法就是"不做",其实,克服恐惧的最好办法就是"马上去做"。只要你马上去做了,恐惧和不安就会烟消云散。

有一位年轻的大学生,有一天,他突然发现,大学的教育制度有许多弊端,便马上向校长提出。他的意见没有被接受,于是他决定自己办一所大学,自己当校长来消除这些弊端。他算了一下,当时办学校至少需要100万美元,这可是一笔不小的数目。他是一个穷学生,如果等毕业后去挣,那就太遥远了。于是,他每天都在寝室里冥思苦想如何筹得100万美元。得知他的想法后,同学们都劝他放弃,但年轻人不以为然,他坚信自己可以筹到这些钱。

终于有一天,他想到了一个办法。他打电话到报社,说他明天举行一个演讲,题目叫《如果我有一百万美元怎么办》。第二天,他的演讲吸引了许多商界人士参加。面对台下诸多成功人士,他在台上全心全意、发自内心地说出了自己的构想。演讲完毕,一个叫菲利普·亚莫的商人站起来,说:"小伙子,你讲得非常好。我决定给你100万美元,就照你说的办。"

就这样,年轻人用这笔钱创办了亚莫尔理工学院,也就是现在著名的伊利诺理工学院的前身,而这个年轻人就是后来备受人们爱戴的哲学家、教育家冈索勒斯。

## 第5章 马上去做，青少年灿烂人生从你行动的那一刻开始

### 心灵启示

在生活中，几乎每个人都曾产生过形形色色的想法，却只有极少数的人成功地把自己的想法变成了现实，而大多数人都距离自己的梦想越来越遥远。这是因为拖延。在拖延之中，无数人使自己曾经为之激动的想法彻底地变成了一个空想，使自己的一生耗费在无限的拖延之中。一次次拖延，使我们一次次落后于人。所以，当有了好的想法或者设想的时候，我们一定要抓紧时间将其付诸行动。只有开始行动了，你的想法才可能变得有意义。

对于一个年轻的穷学生而言，筹集100万美元去建一所大学，几乎是不可能做到的事情，但是，冈索勒斯却做到了。这一切都得益于他在产生想法之后马上去做。如果你也能够像冈索勒斯一样立即开始行动，那么，你就一定能够获得成功。

（1）一定要敢于设想，虽然"人有多大胆，地有多大产"的说法是不正确的，但是，从某种意义上来说，你的想法还是决定了你的方向。

（2）我们应该执着于自己的想法，不管遇到什么困难，都不要轻易放弃。

（3）一旦想到了，想好了，就不要拖延，而应该立即去做。

（4）哪怕只迈出了第一步，你也相当于成功了一半。

相信自己我很棒

## 青少年找准自己的定位，才能成就自己

有人曾经说过，"垃圾是放错了位置的宝贝。"由此可见，找准位置是一件非常重要的事情。对于垃圾而言，放在垃圾桶里就是一堆令人人绕道而行的垃圾，若是分门别类地放在垃圾回收箱中，那么，就能够被再利用，甚至变废为宝。其实，假如进行详细的定义，那么，位置有三重含义：一是所在或者所占据的地方，二是地位，三是职位。当然，位置只是相对而言的。对于同样一个位置，从后面看它的人觉得它在前面，从前面看它的人觉得它在后面，从上面看它的人觉得它在下面，从下面看它的人觉得它在上面。在生活中，不仅仅垃圾需要找准自己的位置，人更需要找准自己的位置。只有找准了位置，你才知道自己想要做什么，想要过怎样的生活，从而成全自己。倘若一个人浑浑噩噩地过日子，那么，他根本不可能有所成就。做人，既不应该妄自尊大，也不应该妄自菲薄。我们应该正确地评价自己，找准人生定位。倘若一个很有能力的人只想过平淡的日子，那么，他的一生也许就是平淡无奇的；假如一个能力和其他条件都不错的人想成为大富豪，那么，他必然会向着发财致富的方向努力；假如有人想变得有权有势，那么，他就一定会在仕途上大费心思。因为努力的方向不同，他们所得到的结果也不尽相同。所以说，要想成就自己，我们一定要准确定位自己。

大家都知道，李斯是秦朝的丞相，辅佐秦始皇统一并管理

中国，立下汗马功劳。可鲜有人知，李斯年轻时只是一名小小的粮仓管理员，他的立志发奋，竟然是因为一次上厕所的经历。

那时，李斯26岁，是楚国上蔡郡府里的一个看守粮仓的小文书。他的工作是负责仓内存粮进出的登记，将一笔笔斗进升出的粮食进出情况，认真记录清楚。

日子就这么一天天过着，不能说李斯浑浑噩噩，但他也没觉得这有什么不对。直到有一天，李斯到粮仓外的一个厕所解手，竟改变了李斯的人生态度。

李斯进了厕所，尚未解手，却惊动了厕所内的一群老鼠。这群在厕所内安身的老鼠，个个瘦小枯干探头缩爪，且毛色灰暗，身上又脏又臭，让人恶心至极。

李斯看见这些老鼠，忽然想起了自己管理的粮仓中的老鼠。那些家伙，一个个吃得脑满肠肥，皮毛油亮，整日在粮仓中大快朵颐，逍遥自在。与厕所中这些老鼠相比，真是天上地下啊！人生如鼠，不在仓就在厕，位置不同，命运也就不同。自己在上蔡城里这个小小的仓库中做了8年小文书，从未看过外面的世界，不就如同这些厕所中的小老鼠吗？整日在这里挣扎，却全然不知有粮仓这样的天堂。

李斯决定换一种活法，第二天他就离开了这个小城，去投奔一代儒学大师荀况，开始了寻找"粮仓"之路。20多年后，他把家安在了秦都咸阳的丞相府中。

相信自己我很棒

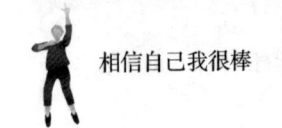

## 心灵启示

在现实生活与工作中,你是"在仓"还是"在厕"呢?倘若李斯没有从老鼠身上得到启发,也许他一生注定是个默默无闻的小官吏。然而,正是这个偶然的发现,使他意识到即使是老鼠,因为所处位置不同,命运也是截然不同的。所以,他才当机立断地改变了自己的人生,最终取得了辉煌的成就。

比尔·盖茨创业的故事众所周知。其实,当初,比尔·盖茨曾经邀请一名大学同学与自己一起休学创业,但是,那位同学却以学业没有完成、时机不成熟为由拒绝了比尔·盖茨的邀请。结果,若干年后,比尔·盖茨成了一代富豪,而那位大学同学,则在学成之后留校任教。倘若当初他也具备长远的眼光,与比尔·盖茨一起奋斗,那么,今日的他定不可同日而语。由此可见,处在什么样的位置上,往往决定了我们所取得的成就。

(1)一定要摆正自己的位置,只有站得高,才能看得远,只有看得远,才能走得远。

(2)只要想好了做什么,就马上去做。不要犹豫,不要拖延。

(3)向着既定的方向不断努力,你就一定能够获得成功。

(4)赶快为自己找一个平台吧,成功在向你招手!

第5章　马上去做，青少年灿烂人生从你行动的那一刻开始

## 青少年所有的烦恼来自想得多、做得少

随着经济的发展，社会步入了"方便面"时代。人们每天都奔波忙碌，匆匆地生活着，还有几个人能够静下心来看看路边的野花和小草？与此同时，人们也变得更加急功近利，他们恨不得马上就获得成功，而不愿意用心去浇灌成功的小苗，耐心地等待它开花结果。在生活中，很多平庸的人都愤愤不平，他们觉得自己付出了很多，得到的却很少。他们总希望自己能够付出很少，而得到很多，却没有用心反省自身，看看自己为什么没有像别人那样得到赏识，获得成功。

汤姆和杰克差不多同时受雇于一家超级市场。开始时大家都一样，从最底层干起。可不久汤姆受到总经理的青睐，一再被提升，从领班一路升到部门经理。杰克却似乎被人遗忘了，还在最底层混。终于有一天杰克忍无可忍，向总经理提出辞呈，并痛斥总经理用人不公平。总经理耐心地听着，他了解这个小伙子，工作肯用功也很卖力，但似乎缺少点什么。缺什么呢？

他忽然有了个主意。"杰克先生，"总经理说，"请您马上到集市上去，看看今天有卖什么的？"杰克很快从集市上回来，说刚才集市上只有一个农民拉了一车土豆在卖。"一车大约有多少袋？"总经理问。杰克又跑去集市，回来说有10袋。"价格多少？"杰克再次跑到集上。总经理望着气喘吁吁的他说："请休息一会儿吧，你看看汤姆是怎么做的。"

说完，总经理叫来汤姆，对他说："汤姆先生，请你马

**相信自己我很棒**

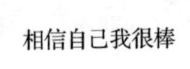

上到集市上去，看看今天有卖什么的？"汤姆很快从集市回来了，汇报说到现在为止只有一个农民在卖土豆，有10袋，价格适中，质量很好，他带回几个让经理看。这个农民过一会儿还弄几筐西红柿来卖，依他看价格还算公道，可以进一些货。这种价格的西红柿总经理可能会要，所以他不仅带回了几个西红柿样品，还把那个农民也带来了，他正在外面等着回话呢。

汤姆比杰克多想了几步，所以才能在工作上取得成功。

## 心灵启示

成功并非天上掉下来的馅饼，而是我们一点一滴积累起来的劳动成果。在工作的过程中，你付出了多少，别人都是有目共睹的。假如你觉得自己的付出和收获是不平等的，那么，你首先应该看看自己和别人相比差在哪里。在上述事例中，虽然杰克的各个方面和汤姆都相差无几，但是汤姆却青云直上，杰克则始终原地踏步。经过总经理的考察之后，杰克与汤姆的差距显而易见。原来，汤姆之所以能够取得成功，就在于他比杰克多想了一些，多做了一些。反观自身，在工作中，你是汤姆还是杰克呢？也许有人会说，汤姆只不过多问了几句，杰克反倒多跑了几趟市场呢。事实的确如此，不过，总经理需要的是一步到位的高效率的人，而不是几次三番也无法完成工作的人。

（1）在完成上司交代的种种工作的时候，我们应该想得比上司更长远更周全一些。

（2）上司也是人，时间和精力有限，他需要一个能够为他分担的得力助手,而不是拉一下动一下的木偶人。

(3)要有自己的想法,要尽量为上司多想一些,争取把工作一步做到位。

(4)也许仅仅多问了几句,你却能够把工作做得更加出色。

## 青少年要找准自己的位置,然后走自己的路

这个世界上没有完美的人,每个人都有自己的长处和短处,我们应该扬长避短,更好地发展。在生活中,很多父母总要求孩子要学习好、体育好,或者要求孩子具备其他各种各样的特长。其实,每个人的天赋是不同的,我们无法要求一个人在任何方面都表现良好。因此,我们应该客观地评价别人,评价自己,这样才能更好地了解自己,为自己找到合适的发展领域。假如你在学习方面不太好,那么,你是不是很擅长艺术呢?假如你跑步跑不快,那么,你是不是很擅长举重呢?假如你没有良好的记忆力,那么,你是不是很擅长推理和逻辑思维呢?不管怎样,你肯定擅长某一方面,那,就是你的特长。以己之短比人之长是不明智的。只有找准了特长,我们才能更好地确定自己的路,从而顺利地走下去。作为父母,对待孩子也是如此,千万不要苛求孩子,而应该顺应孩子的天性让他长足地发展。

邓肯上高中时,校长对他的母亲说:"邓肯或许不适合读

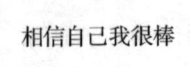

书,他的理解能力差得让人无法接受。他甚至弄不懂两位数以上的计算。"母亲很伤心,她把邓肯领回家,准备靠自己的力量把他培养成材。然而邓肯对读书不感兴趣。一天,当邓肯路过一家正在装修的超市时,他发现有一个人正在超市门前雕刻一件艺术品,邓肯产生了兴趣,他凑上前去,好奇而又用心地观赏起来。

不久,母亲发现邓肯不管看到什么材料,包括木头、石头等,必定会认真而仔细地按照自己的想法去打磨和塑造它,直到它的形状让他满意为止。母亲很着急,她不希望邓肯玩弄这些而耽误学习。

邓肯最终还是让母亲失望了,没有一所大学肯录取他,哪怕是本地并不出名的学院。母亲对邓肯说:"你已长大,走自己的路吧!"

邓肯知道他在母亲眼中是一个彻底的失败者,他很难过,决定远走他乡去开创自己的事业。许多年后,市政府为了纪念一位名人,决定在政府门前的广场上置放名人的雕像。众多的雕塑大师纷纷献上自己的作品,以期自己的大名能与名人联系在一起,这将是无比的荣耀和成功。最终一位远道而来的雕塑大师获得了市政府及专家的认可。

在开幕式上,这位雕塑大师说:"我想把这座雕塑献给我的母亲,因为我读书时没有获得她期望中的成功,我的失败令她伤心失望。现在我要告诉她,大学里没有我的位置,但生活中总会有我的位置,而且是成功的位置。我想对母亲说的是,

第5章 马上去做，青少年灿烂人生从你行动的那一刻开始

希望今天的我至少不让她再次失望。"

这个人就是邓肯。在人群中，邓肯的母亲喜极而泣。她终于明白自己的儿子不笨，只是当年她没有把他放对位置而已。

## 心灵启示

因为没有发现孩子的特长，邓肯的母亲对自己的儿子感到非常失望。令她万万没想到的是，学习成绩不够优秀的邓肯却在雕塑方面有着独特的才能。其实，这个世界上有很多种行业，读书并非我们唯一的出路。即使再怎么不起眼的行业，只要我们能够将其做到极致，我们同样会使自己荣耀，使母亲荣耀。

（1）永远不要放弃自己，要尝试找出自己的优点和长处，使其得到长足发展。

（2）即使你在某一个方面表现得不够优秀，也不要自暴自弃，要相信，你的身上一定有别人所没有的闪光之处。

（3）造物主是公平的，你要相信自己有某种特殊的才能，要相信自己一定能在某个领域取得独特的成就。

（4）作为父母，一定要相信自己的孩子；作为孩子，一定要相信自己。

## 第6章

# 开拓梦想，年轻的生命因梦想而闪闪发光

生活常常赐予我们很多惊喜，这里面有的是"惊"，有的是"喜"。我们该如何面对呢？当生活给予我们接踵而至的磨难和打击时，放弃只会使我们一蹶不振，萎靡低落，陷入绝望的深渊。要想战胜它们，我们就必须鼓起勇气正面对待，让自己变得更加坚强。就像一餐饭总要有很多的调味料，我们暂且把磨难当成生活的调味料吧，只要我们用心烹饪，这些磨难就会为我们的生活增加与众不同的味道。在生活中，只有坚持做梦想的开拓者，最终才能实现自己的梦想。

## 人生风雨，青少年要坚强面对

《孟子》中记载，天降大任于斯人也，必先苦其心志，劳其筋骨，饿其体肤，空乏其身，行拂乱其所为，所以动心忍性，曾益其所不能。这句话的意思是说，上天要降落重大的责任在这种人身上，必须先使他的内心感到非常痛苦，使他的筋骨感到劳累不堪，使他经受饥饿的煎熬，导致他肌肤消瘦，使他遭受贫困的折磨，使他所做的事颠倒错乱，不能顺心如意，从而通过这些磨难使他的内心保持警觉，使他的性格越发坚定，增加他所不具备的才能。其实，从那些成功人士的经历中我们不难看出，大凡有所成就的人，无一不是遭遇了很多波折。他们虽然在坎坷的命运之旅中艰难跋涉，但却从来没有放弃，命运的风浪越汹涌，他们的斗志就越昂扬，从来不曾自暴自弃。正是因为具备这种精神，他们才创造了奇迹。

布鲁克林大桥因其独特的设计堪称机械工程的奇迹。其实，这座大桥的建造过程更是一个奇迹。

当年，约翰·罗布林接手了这座大桥的设计工作。约翰的头脑极富创新精神，他提出了一个在当时看来几乎不可能实现的设想。所有桥梁专家都劝他放弃这个近似于天方夜谭的想法，只有他的儿子华盛顿·罗布林支持他。于是父子俩共同完成了这个设计方案，并设法找到银行家投资建设，然后他们组

第6章 开拓梦想，年轻的生命因梦想而闪闪发光

织了施工队伍，开始建造这座大桥。

然而遗憾的是，大桥开工仅仅几个月，施工现场就发生了一起灾难性的事故：约翰·罗布林不幸身亡，华盛顿·罗布林受重伤，经过一番努力后，仍旧无法讲话，全身瘫痪。因为只有罗布林父子才了解这座大桥的全部构想，因此人们都认为这座大桥的建造从此会被搁浅。

值得庆幸的是，华盛顿·罗布林虽然丧失了说话和行动的能力，但是他的大脑仍是健全的，思维仍和往常一样敏锐。一天，当他躺在病床上的时候，忽然想到了一种和别人进行交流的方式。他用他唯一能动的那根手指敲击他妻子的手臂，通过不同的力度和敲击方式表达不同的意思，然后由他的妻子将他的意图传达给参与大桥建设的工程师们。华盛顿·罗布林就用这种办法将他的设计理念传递了出去，布鲁克林大桥就这样建造成功了。

## 心灵启示

在全身瘫痪、仅有大脑存在思维活动的情况下，华盛顿·罗布林完成了布鲁克林大桥的建造工作，而他所采取的方式更是匪夷所思，即用唯一能动的手指敲击妻子的手臂，从而实现与参与了大桥建设的工程师们的交流与互动。换作一般的人，在面对如此沉重打击的情况下，早就自暴自弃了，但是华盛顿·罗布林却没有改变自己的心意，为了实现自己和父亲的梦想而不懈努力着。这正是华盛顿·罗布林与寻常人的不同

相信自己我很棒

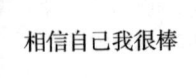

之处，也正因如此，他才能完成布鲁克林大桥的设计与建造工作，创造了生命的奇迹。

其实，人生就是一个又一个的风浪，而这些风浪正是人心的试金石。那些坚强勇敢的人，在面对风浪的时候，能够鼓足勇气战胜苦难，扬帆远航；而那些胆怯畏缩的人，面对风浪的时候只会哭泣逃避，不是被风浪打倒，就是眼睁睁地看着风浪把自己淹没。其实，风浪恰恰是考验我们信心的好时机。因为苦难，我们更加深刻地认识自己，了解自己，改变自己，超越自己。所以，敞开胸怀迎接生活的苦难吧，只有经过苦难的洗礼，你才能茁壮成长，创造奇迹。

（1）没有人的一生是一帆风顺的，只有经历过苦难洗礼的人，才能得到生活的馈赠。

（2）假如一遇到困难就一蹶不振，那么，你的人生注定与成功无缘。

（3）面对苦难，优秀的品质闪烁出更加耀眼的光芒。

（4）苦难是人生的试金石，能够区分出强者与弱者。

## 决不放弃，青少年要看到绝境中的机遇

早在南宋时期，伟大诗人陆游就在《游山西村》中写道："山重水复疑无路，柳暗花明又一村。"陆游在这首诗中既描写了山西村山环水绕、花团锦簇的美好春景，又告诉了人们一

个深刻的道理，即逆境中总是蕴含着无限的希望，不管前面的路多么难走，只要我们坚定自己的信念，勇敢地去开辟属于自己的路，我们的人生就一定能够"绝处逢生"，拥有充满希望和光明的美好未来。这个道理，放在今日，依然适用。在生活中，我们经常会遭遇困境，甚至还会身陷绝望的境地。在这种情况下，我们应该怎么做呢？如果放弃，那只能是死路一条。如果能够采取积极的措施，那么，也许还能绝境逢生，甚至扭转局面，创造奇迹。不管什么时候，我们都不应该放弃希望，尤其是身处绝境的时候。

20世纪90年代，日本经济处于大萧条时期，很多中小企业相继破产。东京一家经营水果的公司其业绩也大幅下滑，公司处于破产边缘。

但是，这家公司的老板不甘心自己一手经营的公司就这么倒闭，于是每天绞尽脑汁。终于有一天，这位老板想到了一个好办法。他去一个上好的苹果产地预购了一批苹果，在这些苹果还处于成长阶段时，就将一种标签纸贴在苹果的表面，这样当苹果红了之后，贴有标签纸的地方就会留下相应的空白。

预购完苹果，他就从自己的客户名单中挑选出大约二百名大订单客户，把他们的名字写在透明的标签纸上，然后请人一一贴在苹果表面，等到苹果熟了之后送给相应的客户。结果几乎所有的客户收到这一礼物时都非常感动，随即增加了对这家水果公司的订购量。

一年后，许多经营水果的公司相继倒闭，只有这家公司的

相信自己我很棒

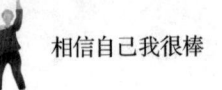

生意反而越来越好,营业规模非但没有萎缩反而扩大了几倍。

## 心灵启示

在上述事例中,如果那个老板因为悲观绝望而选择放弃,那么等待他的必是倒闭的命运。与此相反,他积极地想办法与老客户取得联系,最终,他的营业规模非但没有萎缩,反而出人意料地扩大了好几倍。这就是机遇,机遇隐藏在绝境之中。

前段时间看了《少年派的奇幻漂流》,感慨良多。其实,这部影片是用唯美的画面为我们阐述了一个深刻的哲学定义:在绝境之中,人到底应该怎样面对自己。正如电影中所说的,那只孟加拉虎其实就是派自己,在救赎虎的时候,派实际上也在拯救自己。从开始时的躲避、放弃,到试图与虎沟通,派其实一直试图与自己的内心沟通。现实中,几乎每个人都会遭遇各种各样奇幻的、扑朔迷离的境遇,其实也包括绝境。当身处绝境的时候,人类凭借自己渺小的力量根本无法抗衡自己的命运,而唯一能做的就是满怀希望,以便争取到最好的结果。要记住,绝境只在心中,而不在脚下。假如你能像派征服那只孟加拉虎一样征服自己的心,那么,你的人生中就没有所谓的绝境。

其实,这个世界上并没有真正使人绝望的处境,而只有对处境感到绝望的人。大文豪巴尔扎克曾经说过,绝境,是天才的进身之阶,是信徒的洗礼之水,是能人的无价之宝,是弱者的无底之渊。由此可见,面对所谓的"绝境",关键在于你拥有怎样的心态。绝境不只是一场磨难,更是人生的一种升华。

很多时候，顺境使人们丧失斗志，沉迷于温柔乡中不思进取，甚至使人贪图享乐，自甘堕落，而绝境却能激励成功者斗志昂扬，始终坚持不懈地努力，直至改变命运为止。面对人生的各种境遇，我们没有其他的选择，只能学会从容地驾驭自己的人生。

（1）面对绝境，只有积极地采取措施，才使你有可能创造奇迹。

（2）绝境之中往往蕴含着机遇，关键在于你能否把握住这个千载难逢的时机。

（3）人生没有真正意义上的绝境，使你陷入绝境的是你绝望的心。

（4）不管什么时候，都要怀有希望，不要放弃，这样才能创造生命的奇迹。

## 遭遇挫折，青少年勇敢面对终成强者

人们常说，"失败是成功之母"。对于这个老生常谈的话题，却很少有人能够使自己的行动和言语保持一致。当你的工作上频频亮"红灯"的时候，当你不断遭遇意料之外的困难的时候，你的心中是否非常沮丧？你是否意识到失败之中孕育着成功？对于这个问题，想必每个人给出的答案都是不一样的。其实，在这个世界上，大多数人的一生都伴随着无数个失败，面对失败，有的人能够鼓起勇气重新来过，所以他们成功了；

相信自己我很棒

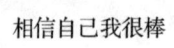

而有的人只知道悲观绝望，这就注定了他们的一生碌碌无为。纵观那些"发明家""文学巨人"的成功史，我们可以发现，大多数功成名就的伟人，都有着坎坷挫折的人生，而他们最终之所以能够获得成功，正是因为他们从不放弃，更不会自暴自弃。他们能够正确地对待失败，从失败中吸取经验和教训，从而踏上成功的康庄大道。例如，伟大的发明家爱迪生在一生之中有很多项发明，同时经历了无数次失败，他的每一项发明成果都是建立在失败的基础之上的。即使那些举世瞩目的诺贝尔文学奖的获得者，也都有失败的经历，他们的成功，完全得益于他们在失败之中的坚持。

有一家专业杂志统计了一些诺贝尔文学奖得主曾经的遭遇，以此鼓励那些在困难面前意志消沉，容易放弃的人。

叶芝，1923年诺贝尔文学奖得主，爱尔兰诗人，被退回的作品为1895年的《诗集》，编者对这部作品的评价是：读起来毫不悦耳，又不燃烧想象力，而且不启迪思考。

肖伯纳，1925年诺贝尔文学奖得主，英国剧作家，被退回的作品为其代表作《人与超人》，出版商对他的评价是：他永远不会成为一般人心目中的流行作家，甚至一点钱都赚不到。

高尔斯·华绥，1932年诺贝尔文学奖得主，英国小说家，被退回的作品为其代表作《福尔赛世家》第一部，退稿人说的是：作者写这部小书纯属自娱，全不理会广大的读者，因此可以说毫无畅销因素。

福克纳，1949年诺贝尔文学奖得主，美国小说家，被退回的作品为其代表作之一《避难所》，出版商的评价是：老天爷，如果这本书也能出版，我们还不如一块去坐牢呢。

海明威，1954年诺贝尔文学奖得主，美国小说家，被退回的作品为短篇小说集《春潮》，出版商说：如果出版这本书，我们不仅会被视为品质恶劣，甚至会被视为异常残忍。

贝克特，1969年诺贝尔文学奖得主，爱尔兰戏剧家及小说家，被退回的作品为其小说代表作《马龙死了》，编辑部认为：这部小说毫无意义，又不吸引人。

辛格，1978年诺贝尔文学奖得主，美国犹太小说家，被退回的作品为《在父亲那里》，评论是：太过平凡。

戈尔丁，1983年诺贝尔文学奖得主，英国小说家，被退回的作品为其成名作《蝇王》，出版商的评论是：你未能将看起来有潜质的构思成功地发挥出来。

## 心灵启示

在上述列举的这些诺贝尔文学奖的获得者之中，假如他们在失败之后一蹶不振，不再勤于笔耕，那么，他们必将与诺贝尔文学奖无缘，甚至还会脱离文学创作的轨道。值得庆幸的是，他们没有，即使面对失败，他们依然能够坚持在文学创作的道路上走下去，最终获得了巨大的成功。虽然我们不能像他们一样获得诺贝尔文学奖，但是，我们还是有很多平凡的事情可以坚持的。例如，当工作上遭遇挫折的时候，我们应该坚持再坚持。哪怕一时被误解，或者得不到认可，或者努力没有获

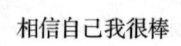

得成功，我们也应该激励自己，继续为之努力。在生活中，那些自暴自弃、悲观绝望的人总是为自己的命运自哀自叹，其实，他们的失败并非源于命运的不公，而是他们没有战胜困难和挫折的勇气。要知道，挫折只能击退弱者，真正的强者是不会被挫折吓倒的。

（1）失败是成功之母，也许，下一次失败之后就是成功。

（2）遭遇挫折不是自暴自弃的借口，真正的强者是不会被挫折吓倒的。

（3）世界上没有一帆风顺的人生，我们要学会调整心态，坦然面对人生的坎坷和挫折。

（4）不经历风雨，怎能见彩虹。坚持到底就是胜利！

## 希望不灭，青少年就有实现梦想的可能

莎士比亚说，"治疗不幸的药，只有希望。"希望，是心灵的一剂良药。很难想象没有希望的生活将是怎样的沮丧、悲观，而希望之于人生，恰如机油之于汽车。一辆汽车，只有拥有好的机油，才能拥有强劲的动力。希望，带给人生以活力、企图、坚强与生命力。希望，是一种发自内心的情绪和期冀。对于每一个人来说，生活都是一面镜子，你对它微笑，它便对你微笑；你对它愁眉苦脸，它便以哭脸对待你。只有满怀希望的人，才能够从内心深处绽放希望的笑颜，才能够得到生活回

报的笑脸。只要你的内心深处怀有希望,不管处境多么糟糕,生活的镜子都会为你折射出光芒,照耀你的人生。

法国小男孩布莱耶7岁那年,不小心被利器刺伤了眼睛,不久便双目失明了。

几年后,布莱耶就读于一家盲人学校,开始学习用手指摸读26个字母。当时用于盲人摸读的字母很大,一篇短文就得用几个大本子刻写,非常不方便。布莱耶下定决心要发明一种使用方便的摸读法。后来,他听说一位法军上尉能在黑暗中写字,认为这对他非常有帮助,于是就专程去求教。经过潜心研究和反复探索,布莱耶终于发明了一种简便科学的摸读法。

在布莱耶的精心辅导和帮助下,一个双目失明的姑娘熟练地掌握了这种摸读法,并将它用于弹奏钢琴。在一次音乐会上,这位姑娘的钢琴独奏引起了轰动,人们的掌声经久不息。在致感谢词时,她说道:"在这里,我首先要感谢的就是布莱耶先生,是他教会了我这个盲人认字,这样我才有可能弹奏钢琴。"

当人们对布莱耶报以热烈的掌声时,他激动得热泪盈眶,说道:"这是我一生中第三次流泪,第一次是7岁失明时,那时我感到前途一片黯淡;第二次是我发明了这种简单的摸读法,感到重新燃起了生活希望;而这一次,是因为我觉得我不是一个失败者。一个人只要拥有希望,就永远不会无路可走。"

## 心灵启示

对于一个人而言,最大的资产是希望,最大的破产是绝望。张强大学毕业后去了一家电脑公司工作，和他一起进公司的还有一个叫李明的应届毕业生。进入公司以后，经理安排他们在销售部门工作。因为没有经验，两个月过去了，张强和李明毫无业绩。渐渐地，张强失去了信心，他每天都唉声叹气，愁眉苦脸，李明呢？虽然努力了两个月都没有业绩，但是他始终坚持不懈着，每天依然出去拜访客户。三个月过去了，张强已经做好了离职的准备，但是李明却迎来了自己职业生涯的第一个大客户。原来，这个大客户李明已经维护了两个多月，虽然多次吃闭门羹，但是他始终没有放弃。最终，这个客户被李明感动了，和李明签订了一个大单。看着满心欢喜的李明，张强不得不垂头丧气地办理了离职手续。

希望是生活的风帆，如果没有希望，我们就会失去人生的方向。只有充满希望，才能够在人生的大风大浪之中扬帆起航。如果一个人的内心被绝望的乌云笼罩，那么，他就无法看到生命的光芒，人生也会暗淡无光。

（1）希望是人生最大的财富，如果没有希望，即使有再多的钱，也是贫穷的人。

（2）一个内心充满绝望的人，不管做什么事情，都很难获得成功。

（3）希望，是心灵的一剂良药，能够治愈人生的疾病。

（4）不管什么时候，只要满怀希望，命运就不会弃你于不顾。

## 哪怕跌倒，青少年也要靠自己的力量站起来

跌倒了，怎么办？在人生的道路上，我们不止一次地会跌倒，每到这个时候，我们是坐在地上哇哇大哭，还是擦干眼泪坚强地站起来？如果等着别人扶起你，那么，下一次跌倒的时候，你依然不会自己站起来。因此，跌倒时，我们应该自己站起来，这样一来，我们就会变得更加勇敢和坚强。人生就像一条坎坷不平的路，有的地方平坦，有的地方凹凸不平，需要我们一步一步耐心地去走。也许，我们会摔得鼻青脸肿，也许，我们会碰得头破血流，但是，只要我们勇敢地站起来，就能够战胜一切坎坷和挫折。很多事情，仅仅依靠言传身教是没有用的，我们必须亲自去体验，才能够获得最好的体验，才能够吸取更多的经验和教训，才能够在未来的人生之路上走得更好。

小马驹刚生下来的时候，就像从水里捞出来的一根木棒一样，使劲地支撑着前腿，试图站起来，但是用不了多久小马驹就倒下了。就这样站起来，倒下，再站起来，再倒下，一次又一次。

这时，母马走上前去，用鼻子对着湿漉漉的小马驹喷出气来。小马驹嗅到母亲的气味，顿时有了力量，两条后腿也跟着支了起来。四条腿弯弯地叉开着，然后重重地摔倒。这样反复多次，小马驹终于可以摇摇晃晃地站起来了，并向妈妈走近几步，接着又摔倒了，而且母马看到小马驹向它走近一步，它就退后一步。小马驹倒下了，母马就站在那里不动。

**相信自己我很棒**

这时如果有人看到这一幕,一定认为母马在故意折腾小马驹,想到这么小的生命遭受如此痛苦,可能会去搀扶一把。养马人会拦住他说:"别扶,一扶就坏了。一扶这马就成不了好马了,一辈子都跑不好,只能跟在别的马身后。"

## 心灵启示

一匹小马驹,如果想成为一匹好马,就必须在刚刚降临世间的时候依靠自己的力量站起来,获得独特的体验。它知道,必须经过一次又一次的努力,必须依靠一次又一次的尝试,才能够勉强依靠自己的力量站起来。这使它在未来的生命旅程中学会了依靠自己的力量去战胜困难,从而直立于世间。

有两个空布袋,它们都很想站起来,因此,它们就一起去问上帝如何才能站起来。上帝笑了笑,和颜悦色地告诉它们,要想站起来,一种方法是依靠别人的力量把它们提起来,一种是充实自己,依靠自己的力量站起来。听了上帝的话,一个空布袋竭尽所能地往自己的肚子里装东西,快要装满的时候,它就稳稳当当地站起来了。而另外一个空布袋觉得不停地往自己的肚子里装东西很辛苦,所以它就跑到路边舒舒服服地躺了下来。果然,不久,一个行色匆匆的路人就发现了它。路人高兴地把空布袋提了起来,但却失望地发现袋子里空空如也,因此又不屑地把空布袋扔到了路边。就这样,空布袋只站起来几秒钟,就又无可奈何地倒下了。

你想成为哪只空布袋呢?是依靠别人的力量站起来,还是充实自己站起来？结果是显而易见的，依靠别人站起来的空布袋只能是短暂的，只有依靠自己的力量站起来才能更长久，无须别人摆布。

（1）跌倒时，不要哭泣，因为哭泣无济于事。更不要等待，因为你的命运掌握在自己手里。

（2）跌倒时，必须依靠自己的力量站起来，因为别人给予你的力量不足以支撑你始终站立着，只有你才能给自己这样的力量。

（3）跌倒时自己站起来能够获得一种独特的体验，有了这次体验之后，当再次遭遇挫折的时候，就会更加富于经验。

（4）每一次跌倒，都是为了下次走得更好作准备。

## 心态改变命运，青少年要有积极乐观的心态

佛说，物随心转，境由心造，烦恼皆由心生。也有一位伟大的艺术家曾经说过，"你无法延长生命的长度，但是你可以扩展生命的宽度；你无法改变天气，但你可以控制自己的心情；你无法控制环境，但你可以调整自己的心态。"由此可见，拥有怎样的心态往往决定了一个人拥有怎样的精神状态，拥有怎样的生活。在生活中，心态不好的人往往愁眉苦脸，遇事很容易陷入悲观绝望之中；而心态好的人，则往往乐观豁达，即使面对艰难的处境，也能够积极乐观地对待。在人类几

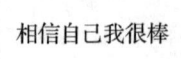

千年的文明史中，但凡拥有健康、财富和幸福等人生财富的人，都是心态积极的人。

艾柯卡一直在福特汽车公司辛辛苦苦地工作，通过自己的不懈努力，他终于成了福特公司的总经理。然而，在1978年的7月13日，艾柯卡被大老板亨利·福特开除了。在福特工作了32年，当了8年总经理的艾柯卡难以接受这样的打击，对自己几乎失去了信心，他开始酗酒，认为自己已经完了，再没有什么前途了。

就在这时，克莱斯勒汽车公司的董事长邀请艾柯卡出任总经理，艾柯卡接受了这一挑战。艾柯卡上任后，凭借自己的智慧、胆识和毅力，对当时名不见经传的克莱斯勒进行了大刀阔斧的整顿和改革。在艾柯卡的领导下，克莱斯勒公司争取到了政府的巨额贷款，在公司就快经营不下去的惨淡日子里推出了K型车计划，这一计划的成功让克莱斯勒起死回生，并一举成为与通用汽车公司、福特汽车公司并列的美国三大汽车公司之一。

5年后，艾柯卡将一张高达8.13亿美元的支票交到银行代表手里，还清了克莱斯勒的所有债务。事后，艾柯卡深有感触地说："哪怕时运不济，也要奋力向前！"

## 心灵启示

对于任何人来说，生活都不可能是一帆风顺的。人生既有顺境也有逆境，既有巅峰也有谷底。面对生活中的坎坷和挫折，你是选择积极地面对，还是消极地逃避，这从某种意义上

第6章 开拓梦想，年轻的生命因梦想而闪闪发光

来说决定了你一生的命运。因为顺境而扬扬得意，或者因为逆境而悲观绝望，这都是肤浅的人生。面对挫折，假如你一味地抱怨，那么，你将永远是个弱者。与此相反，只有调整好心态，改变自己，才能改变命运。实际上，人与人之间并没有太大的区别，唯一的区别就在于心态。从这个意义上，我们完全可以说，一个人能否成功，在很大程度上取决于他的心态。在上述事例中，假如艾柯卡始终消极下去，继续酗酒，陷入低迷绝望的情绪之中，那么，非但他的一生与成功无缘，克莱斯勒公司的前景也不容乐观。而这一切，都得益于艾柯卡在逆境中的崛起和改变。

阿基米德曾经说过，给我一个支点，我就能撬起整个地球。事实确实如此，很多时候，推动这个世界发展的力量就在你的心里，而不是任何人给予你的。因此，在面对困境的时候，我们要想改变自己的命运，改变外在世界，就只能从自身出发，从而获得改变自身、改变世界的力量。

（1）给我一个支点，我就能撬起整个地球。记住阿基米德的话，正是因为有如此的信念，他才能够成为古希腊伟大的哲学家、数学家、物理学家。

（2）不管身处何种境遇，都不能自暴自弃，而应该坚持自己的理想，并为之不懈努力。

（3）生活就像大海，既有波峰，也有波谷；既有风平浪静的时候，也有波浪滔天的时候，我们应该学会面对种种境遇，调整好自己的心态。

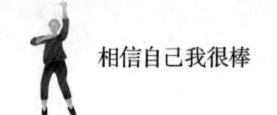

（4）记住，唯一能够影响和改变你命运的，就是你的心态。不管什么时候，都要拥有好心态。

## 面对失败，大不了从头再来

在生活中，我们难免会遇到很多困境，每当这个时候，我们总会觉得自己已经筋疲力尽、走投无路了，甚至想要放弃努力，随波逐流。然而，不管是顺境还是逆境，不管是荣耀还是耻辱，随着时间的流逝，这一切都会过去。倘若能够想到这一点，你就会意识到，生命所沉淀下来的远远不是那些浮华的东西。也正是因为想到了这一点，你才能够在艰难困厄的时候坚持，再坚持，一直到摆脱逆境为止；你才能够在顺境之中不耀武扬威，不扬扬得意；你才能平实淡定，从容不迫。

古希腊有一位国王，他拥有至高无上的权势和享用不尽的荣华富贵，但是他却不快乐。他可以主宰自己的臣民，却难以控制自己的情绪，不断袭来的种种莫名的焦虑和忧郁常常让他闷闷不乐。

终于有一天，国王再也承受不了这种无形的压力，于是他召来了当时最有名气的智者苏菲，要求他找出一句人间最有哲理的箴言，而且这句浓缩了人生智慧的话必须一语惊人，能让人无论在什么情况下，都能保持一颗平常心，得意但不忘形，失意但不伤神。苏菲只沉思了一下，就答应了国王，条件是国王要将佩戴的那枚戒指赐予他。

几天之后，智者苏菲就将戒指还给了国王，并再三叮嘱他，不到万不得已，别轻易取出戒指上镶嵌的宝石，否则它就不灵验了。

没过多久，邻国大举入侵，国王亲自率领部下拼死抵抗，然而寡不敌众，最终整个城邦沦陷敌手，国王只得逃亡。有一天，为躲避敌兵的搜捕，国王藏身在河边的茅草丛中，当他掬水解渴时，猛然看到自己的倒影，不禁伤心起来——当初那个气宇轩昂、威风凛凛的国王，现在变成了蓬头垢面、衣衫褴褛的乞丐模样，这怎能不让人难过呢？国王越想越伤心，后来竟双手掩面准备投河自尽。这时他想到了那枚戒指，于是急忙抠下了上面的宝石，只见宝石里侧刻着一句话——这都会过去！

看到这句话，国王的心头重新燃起了希望的火花。是啊，没有什么大不了的，这一切终究都会过去的。从此，他忍辱负重，重新召集部下并东山再起，最终赶走了外敌，赢回了国家。当他重返王宫后，第一件事就是将"这都会过去"五个字镌刻在象征王位的宝座上。

后来，这位国王无论遇到什么事情，都能妥善处理。据说，他在临终前特意留下遗嘱：死后，他的双手要空空地露出灵柩之外，以此向世人昭示那句五字箴言。

## 心灵启示

倘若不是隐藏在戒指中的"这都会过去"五字箴言，也

相信自己我很棒

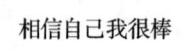

许，国王很难经受国破家亡的沉重打击。然而，当看到这五个字的时候，他幡然醒悟，不管是成功还是失败，不管是顺境还是绝境，只要坚持，就终将过去。意识到这个道理后，国王变得无比豁达，因而从容地面对失败，毫不气馁地从头再来。

在生活和工作中，我们也应该时时牢记这五个字——"这都会过去"。只有牢记这五个字，我们才能坦然地面对此时此刻的无限荣耀，我们才能淡定地面对工作和生活的困窘，我们才有勇气继续在人生的道路上踽踽前行。

（1）不管是成功还是失败，不管是顺境还是逆境，一切都会过去。

（2）不管是哭泣还是微笑，不管是悲戚还是喜悦，一切都会过去。

（3）坦然面对你现在的处境吧，因为一切都会过去。

（4）只要你能够坚持下去，再艰难的处境也会转好的！

# 第7章

## 肯定自己，青少年要牢牢将命运之绳掌握

快乐不是别人给的，而是发自我们内心的。只有拥有一颗快乐的心，才能拥有快乐。一个人，假如总是抱怨多多，怨天怨人怨父母，那么，他就永远不会快乐。古人云，知足常乐，今天我们要说，只有拥有阳光的心态，平和宽容地对待一切事情，你才能够拥有快乐。而在阳光心态中，我们首先要肯定自己。要知道，每朵花都有自己的芳香，肯定自己，才能成为一朵盛开的花儿。

相信自己我很棒

## 肯定自己，青少年首先要端正自己的心态

很多时候，我们抱怨命运不公，抱怨自己付出得太多，得到的太少，因此，我们郁郁寡欢，总是觉得不快乐。其实，要想获得快乐，我们首先应该改变自己的心态。要知道，幸福和快乐是发自内心的一种感受，是别人所不能给予的。

### 心灵启示

当我们开始用积极的心态并把自己看作成功者时我们就开始成功了。这原本是非常简单的一个道理，但很多人却无法领悟，更无法让这个道理去指导自己的人生。假如我们能够正确认识到这个道理，那么，我们的人生就会少走很多弯路。

张杰是一名刚刚毕业的大学生，他在学校期间非常优秀，获得了老师和同学们的一致好评。然而，大学毕业以后，也许是因为现实太残酷，也许是因为张杰的心态不够好，总之，面对现实生活中的工作状态，张杰非常痛苦。曾经在学校担任学生会主席的他，面对工作的种种不如意，心理落差很大。一年多过去了，张杰的工作丝毫没有进展，他的心情随之越来越糟糕。最终，他决定休息一段时间，去西藏旅游。

常言道，人有旦夕祸福。在西藏旅游的过程中，张杰乘坐的客车发生了侧翻，张杰身受重伤。卧床养病几个月之后，张

杰终于恢复了健康。身边的人惊讶地发现，痊愈之后的张杰仿佛变了一个人似的。他不再愁眉苦脸，虽然工作的状态依然，但是他却以饱满的热情投入了生活和工作之中。当人们问张杰为何会有如此巨大的变化时，张杰说："我已经死过一次了，突然间看开了很多。对于我而言，这生活中的一切，都是命运给我的馈赠。我要爱生活，爱我身边的一切人和事，认真地活着。"

自从心态改变了以后，虽然外界的环境没有发生任何改变，但是，张杰却变成了一个心态积极、乐观的人。

改变自己，寻找并获得快乐，你准备好了吗？

（1）不要再怨天尤人、自怨自艾啦，从今天开始，闻闻花香，听听鸟叫，享受生活的馈赠。

（2）改变自己的心态，只有你能给自己真正的快乐！

（3）快乐是发自内心的，不是别人给予的，要主动地寻找快乐。

（4）先改变自己，再寻找快乐，你就一定能够获得快乐！

## 找个合适的方式，将烦恼宣泄出去

人生总有诸多不如意，所以，人生总是充斥着烦恼。例如，考试没有考出好成绩，这对于一个学生而言是莫大的烦恼；工作的业绩得不到上司的肯定，这对于职场人士而言是莫大的烦恼；自己所爱的人却不爱自己，与别人结成了夫妻，这

相信自己我很棒

是失恋的烦恼；想吃一块棒棒糖妈妈却不给买，这是一个幼童的烦恼。假如换一个角度，那么，这些烦恼就不再是烦恼。例如，考试没有考好有什么关系，工作以后，谁还会在乎你当时的考试成绩呢？大家在乎的是你真实的能力。工作的业绩得不到认可，那也不必忧心忡忡，我们是为自己而活的，而不是为了别人活着的，况且，并非所有的成功都是用官职或者权利来界定的。自己所爱的人不爱自己，那么，就去找一个爱自己的人吧，要相信，在这个世界上，每个人都有属于自己的一份爱，他不喜欢你，自然有别人喜欢你，这恰巧可以帮助你结束痛苦的单相思。想吃棒棒糖，妈妈不给买，那就玩玩新买的玩具吧，那可是最新版的战斗陀罗呢！只要我们学会换一个角度，原本困扰你的烦恼就会瞬间烟消云散了。也许有人会说，我不想换个角度思考问题，那么，不妨把烦恼像满身的尘埃一样驱逐心房。你可以为自己准备一棵"烦恼树"，或者是一个"烦恼盒"，每天都把自己的烦恼单独搁置起来，从而使自己一身轻松地去迎接新生活。没错，就是烦恼树或者烦恼盒，危地马拉的土著人就是这么做的，屡试不爽！

如果你去过危地马拉土著人的家中，一定会看到一种色彩亮丽的盒子，他们称之为"烦恼盒"。

在"烦恼盒"中，依次放置六个乖巧的玩具娃娃，如果谁被麻烦缠身了，就会从盒子中取出一个娃娃来，把自己心中的郁闷和烦恼向它倾诉一番，然后把娃娃放置一边，郁闷和烦恼也就随之抛之脑后了。

依次类推，如果这个人隔了一会儿又遇见了烦心事，那么，另外一个玩具娃娃就会被选出来担当他的"听客"。每一个"听客"，在听过主人的倾诉之后，都会被留在盒外，由它替主人承受苦恼，思考对策，主人则一身轻松地继续做自己的事情。待到一天结束了，所有被选出来的玩具娃娃会被重新放到盒子里，以供第二天继续使用。

受危地马拉土著人这种"烦恼盒"的启发，有人总结出如下一条应对郁闷和烦恼的公式：

首先，找个人，把郁闷和烦恼说出来，无论这个人是朋友、家人或者自己；

其次，如果能够或者需要及时予以解决的，那就立刻着手去办；

最后，如果暂时或者较长时期无法解决，就把它们搁置起来，将注意力和精力聚焦到其他必须做的事情上。

这个公式可以简单地概括为：倾诉—行动或搁置—继续前进。

据说，这条公式还蛮有效果的，很多人"试用"以后，效果出奇的好。怎么样，也像危地马拉土著人一样，给自己准备一个"烦恼盒"吧！

## 心灵启示

在生活中，谁能说自己全然没有烦恼呢？既然如此，那就请为自己的烦恼找个栖身之所吧，这样，你也能够获得身心的

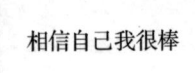

轻松和愉悦，何乐而不为呢？只有正确地排遣烦恼，你才能够幸福地生活。

（1）不管是什么烦恼，都是可以搁置的，我们不能因为烦恼而扰乱自己生活的节奏。

（2）假如是工作中的烦恼，千万不要带到家里来，可以在进家门的时候找个地方搁置。

（3）如果能够直接使烦恼消散于无形，那么，无疑是比将烦恼放入"烦恼盒"更好的方法。

（4）如果不能使烦恼烟消云散，那么，你就需要为自己准备一棵"烦恼树"，或者是一个"烦恼盒"了。

## 青少年用一双善于发现美的眼睛，发现生活中的美好

在生活中，有的人每天总是笑呵呵，看起来心中蕴藏着无限的幸福；而有的人则整天愁眉苦脸，看起来心中载满了忧愁和痛苦。难道，第一种人就一定比第二种人拥有更多的快乐吗？其实未必。第一种人之所以快乐，是因为他们拥有一颗快乐的心，他们时时刻刻牢记生活中的快乐，而忘记生活中的苦恼。而对于第二种人而言，他们的眼睛总是盯着生活中的痛苦之处，因而忽略了生活中的快乐和幸福。其实，生活折射在我们的眼中是什么样子的，完全取决于我们拥有一颗怎样的心。生活就是心灵的一面镜子，你的心快乐，你看到的生活就快

乐,你的心痛苦,你看到的生活就痛苦。不管谁的生活,其中都必然蕴藏着苦恼和快乐,因为这个世界上没有纯粹的快乐和纯粹的苦恼。快乐和苦恼之于生活,就像手心和手背,是不可分离的。

有一天,城郊的寺庙里来了一位富态的中年妇人。据她说,她最近老是失眠,无论面对多么鲜美的饭菜都没胃口,浑身乏力,懒得动,做什么事都没有激情,很想了却尘缘,遁入佛门……方丈是个懂得医术之人,他听那位妇人描述完,便说:"不忙,待老衲先给施主把把脉如何?"妇人点头应允。把完脉,观完舌苔,方丈微微一笑:"施主只是心中有太多的苦恼事,体有虚火,并无大碍。"顿了一下,方丈接着说:"只是施主心中藏着太多烦恼而已。"中年妇女被一语点醒,心里暗叹神奇,便把心中所有事情逐一向方丈说明。方丈很随意地跟她聊着:"你家相公与施主感情如何?"妇人脸上有了笑容,说:"感情很好,耳鬓厮磨十几年从未红过脸。"方丈又问:"施主膝下有无子女?"妇人眼里闪出光彩,说:"一个小女,很聪明,也很懂事。"方丈又问:"家里的布匹生意不好吗?"妇人赶忙摇头说:"很好,家里的生活算得上是镇上的富人家了……"

方丈铺开纸墨,边问边写,左边写着她的苦恼之事,右边写着她的快乐之事,然后把写满字的纸放到妇人面前,对妇人说:"这张纸就是治病的药方。你把苦恼之事看得太重了,忽视了身边的快乐。"说着,方丈让徒弟取来一盆水和一只猪苦胆,把胆汁滴入水盆中,浓绿色的胆汁在水中淡开,很快就不

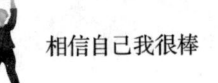

见了踪影。方丈说:"胆汁入水,味则变淡。人生何不如此?施主,不是您承受了太多的苦痛,而是您不善用快乐之水冲淡苦味啊。"

## 心灵启示

假如我们的心太苦,那么我们就无法感受到生活的甜;假如我们的心中满溢着甜,那么,苦也就没有那么苦了。很多时候,不是生活本身多么糟糕,而是我们的眼睛没有发现生活中的快乐所在。所以,我们无须消除生活中的苦,只需要牢牢记住生活中的甜。

(1)你的生活不可能全部是苦,所以,你要试着发现生活的甘甜。

(2)不妨也像事例中的方丈那样拿出一张纸,为自己生活中的各种滋味列一个清单,看看是甜多还是苦多。

(3)当你发现生活中其实有很多快乐的事情时,烦恼就无法常驻你的心灵。

(4)我们要学会用快乐之水冲淡人生的苦味。

## 用心感受到生命的美好

这个世界上有花开的声音,只是内心宁静的人才能够听到。每天,当穿梭于熙熙攘攘的人群中时,不要说花开的声

## 第7章　肯定自己，青少年要牢牢将命运之绳掌握

音，就连我们自己的心跳声，也变得非常遥远。这是一个浮躁的时代，每个人都为了自己的利益与生活而奔波忙碌着，我们甚至忙得无暇听任何声音。我们置身于喧闹的人群而丝毫不觉得喧闹，因为我们的心比人群更加喧闹。什么时候才能听到花开的声音呢？当你的心像黎明前的夜一样静谧的时候，你就能够听到花开的声音了。什么时候才能变得快乐呢？当你的心变得越发沉静的时候，那些属于你的躲藏在角落中的快乐，就会飘然而至。它们原本就存在，是你忽略了它们，所以，要想找回它们，你首先应该找回自己。

卡利玛是一个富裕的农场主。一天，他来到自己的谷仓巡视，当他看到工人们有些偷懒时，便激动得破口大骂，在他指指点点的时候，手腕上名贵的金表遗失在谷仓里。他遍寻整个谷仓，也没有找到心爱的手表。于是，他在场门口贴了一张告示：要人们帮忙，谁能找到便悬赏100美元。面对重赏的诱惑，许多人蜂拥而至，无不卖力四处翻找。奈何谷仓内谷粒成山，还有成捆成捆的稻草，要在其中找寻金表如同大海捞针，犹如登天之难。

到太阳下山人们仍然没找到，不是抱怨金表太小，就是抱怨谷仓太大，麦草太多。当他们一个个舍弃了100美元的诱惑，各自回家时，只有一个穷人家的小孩在人离开之后仍不死心，努力寻找。他已整整一天没吃饭了，他希望在天黑之前找到金表，用这100美元解决一家人的吃饭问题。

天越来越黑，小孩在谷仓内不停地摸索着，突然他发现当

157

相信自己我很棒

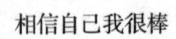

一切喧闹停止时,有一个奇特的声音,那声音"滴答、滴答"不停地响着,小孩顿时停止寻找,谷仓内更加安静,滴答声显得十分清晰。小孩循声找到了金表,最后得到了100美元,快快乐乐地回家了。

## 心灵启示

如果喧闹继续存在,孩子无论如何也找不到金表,当然,其他人也找不到,因为他们的耳朵里和内心深处,都充斥着喧嚣。当夜幕低垂,内心回归平静时,你就能听到那只金表在角落中发出的滴答声。你忽视幸福和快乐的过程是不是同样如此?看着别人奔波忙碌,你也迫不及待地忙碌着,甚至忘记了自己的内心。其实,不管什么时候,我们都要固守自己的内心,因为只有这样,我们才能听见花开的声音,才能用心感受生命的美好。

前段时间看了汤唯和吴秀波主演的《北京遇上西雅图》,剧中汤唯饰演的原本非常浮躁的文佳佳,最终回归了内心的宁静。显而易见,几乎所有人都向往那种轰轰烈烈的生活,然而,生活不是火焰,燃烧得越旺越好,生活是细水长流,必须耐下心来,静水流深。庆幸的是,在影片的结尾,吴秀波饰演的好男人终于得到了属于自己的幸福,而汤唯饰演的小三也终于回到了生活的正轨。平平淡淡,真诚,才是真正的生活。

(1)外界的环境越嘈杂,我们就越应该保持内心的平静。

(2)在喧闹之中,我们的耳朵几乎失灵,然而,当内心平静时，我们的心能够听到花开的声音。

（3）快乐始终伴随着你，假如你过于闹腾，它就会吓得悄悄躲起来。

（4）给快乐和幸福一个和美的环境，这样它们才会从你身后悄悄探出头来。

## 面朝太阳，内心就能洒满阳光

人的生命离不开阳光的照射，假如没有阳光，鲜花就不能开放，大树就不能成荫，人们就得终日生活在阴郁之中。而阳光，是我们心头的一盏灯，使我们在乌云遮蔽的生命旅程中从来不觉得孤单和寂寞。很难想象，假如没有阳光，这个世界将会怎样？

冬日严寒，卧室的窗户整天紧闭着，屋里十分阴暗。有兄弟二人，年龄不过四五岁，他们看见外面灿烂的阳光，觉得十分羡慕。兄弟俩就商量说："我们可以一起把外面的阳光扫一点儿进来。"于是，兄弟俩拿着扫帚和簸箕，到阳台上去扫阳光。在阳台上，簸箕里很快就盛满了阳光，但是他们刚把簸箕搬到房间里，里面的阳光倏地就没有了。

哥哥挠了挠头皮一本正经地说："阳光太轻，我们要跑得再快一些，这样才能把阳光运到屋子里。"弟弟听后愣了一下，一跺脚就加快了往返的速度。可是，他们刚把簸箕搬到房

相信自己我很棒

间里，里面的阳光又没有了。但是他们并不气馁，一而再，再而三地扫了许多次，可是屋内还是一点儿阳光都没有。

这时，正在厨房忙碌的妈妈看见他们奇怪的举动，问道："你们在做什么？"他们回答说："房间太暗了，我们要扫点儿阳光进来。"妈妈笑道："只要把窗户打开，阳光自然会进来，何必去扫呢？更重要的是，只要你们的心是光亮的，屋子里就不会存有阴暗的角落。"

## 心灵启示

看到上述事例中两个孩子去扫阳光进屋，我的心中不禁充满了阳光。的确，不管是老人还是孩子，不管是男人还是女人，每一个人都需要给自己的心灵修剪杂枝，让灿烂的阳光照射进来。因为心里洒满阳光，我们能够以积极的态度去面对生活；因为心里洒满阳光，我们在身处逆境的时候，才能够放歌而行；因为心里洒满阳光，我们的生命才会更加精彩。

其实，所谓的阳光，除了指太阳光之外，还指我们的阳光心态。要知道，没有人天生就是悲观的、消极的、忧郁的。几乎每一个人都十分怀念自己的童年时代，这主要是因为童年时代是最天真无邪的，孩童的心里总是充满阳光。随着我们渐渐长大，心才被一层又一层的灰尘蒙蔽，因此，心灵的阳光无法透射出来。然而，只要我们始终保持一颗赤子之心，只要我们的心中洒满灿烂的阳光，我们的人生也就会随之灿若朝霞。

（1）如果你觉得自己的心情很阴郁，不妨像那弟兄俩一样去扫一些阳光。

（2）不管什么时候，只要心中充满阳光，人生就充满希望。

（3）要想使自己的内心充满阳光，我们首先要拥有积极乐观的阳光心态。

（4）生活中，幸福与快乐都取决于我们的内心，你想快乐，你就会感到快乐！

## 打开你心灵的窗户，让阳光洒进来

人生如果没有希望，就会变成绝望的牢笼，使人痛不欲生。人生是一段漫长的旅程，而且，没有终点，没有回程。在人生的旅途中，没有人能够预料会发生什么，经历什么，更没有人知道人生的终点在哪里。而支撑着人们历经千难万险走下去的，就是希望。希望像是一盏明灯，为黑暗中的人们指引方向；希望像是一叶风帆，为在海上航行的人们高高扬起；希望像是暗夜里的点点星火，照亮夜行人前方的道路。假如没有希望，人生将会充满绝望；假如没有希望，人生的路途将变得遥遥无期，没有尽头。当生活失意的时候，当你感到绝望的时候，不妨在心中为自己开一扇希望的窗户，让春风拂面，让世界充满鸟语花香。

有个囚徒，被关在牢房多年，每天看着四面空空的墙壁，感到心灰意冷。他多想看看外面生机勃勃的世界啊，哪怕每天

相信自己我很棒

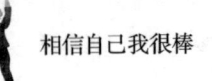

只看一眼也好。牢房里有扇窗，很高很小。于是，囚徒把唯一的一张床拖到窗下，把被褥叠高，然后凭借床和被褥踮脚往窗外看。可是看过之后，他更加绝望了——窗外除了高墙便是密如蛛丝的高压电网。没多久，这个囚徒便上吊自杀了。自杀前，他咬破手指，用鲜血在雪白的墙上留下了一句遗言：给我一扇窗。

这个囚徒的死带给人很大的震动，特别是囚徒留在墙上的那句带血的遗言，引起了监狱领导的高度重视，让他们意识到了问题的严重性。于是，监狱领导逐级向政府部门申报，并恳请有关部门调拨资金重新对监狱的牢房进行科学改建。不久，政府下达批文，划拨了一笔庞大的改建基金。

说是改建，其实就是给每个牢房开几个宽大的窗户，让人从里面能看到外面的日出日落，听到附近的狗吠鸡鸣。经过简单的改建，奇迹出现了。越狱案越来越少，被减刑获得新生的囚徒越来越多，监狱的管理也越来越规范轻松。后来，有记者采访该监狱的监狱长，问到管理监狱的秘密武器是什么。他只回答了一句话："在每个囚徒心里开一扇希望的窗户。"多么精辟的一句话呀！在这个世界上，要想改造一个人，最有效的拯救武器莫过于改造其心灵了。

## 心灵启示

在那高高的墙内，囚徒们的内心是干涸的，他们急需生活的雨露去滋润他们的心田，使他们重新燃起生的希望。幸运的是，一个绝望的囚徒的自杀，使得监狱管理人员意识到了管理方面的漏洞，那就是一扇窗的漏洞。他们的窗户不仅仅开在了监狱的墙上，也开在了囚徒们的心上。通过这扇窗，他们看到了渴望已久的人世生活，感觉自己又回到了充满烟火气息的人间，这也就从侧面使他们燃起了重返社会的渴望，使他们意识到自己的人生还是有希望的。虽然只是开了几扇窗，但是，囚徒们的精神面貌却为之改变。这是因为，这些窗户改变了他们的心灵。

虽然我们不是囚徒，虽然我们呼吸着自由的空气，享受着自由的生活，但是，每个人的心中也是有一个牢笼的。当心情不好的时候，当感到绝望的时候，这个牢笼的空间就会无限缩小，使我们感到压抑，喘不上气来。假如我们能够在自己的心灵上开一扇大大的窗户，使我们的心灵感到更加轻松，充满希望，那么，我们的人生也必将随之改变。

（1）为自己的心房开一扇窗，让自己更多地感受到生活的美好。

（2）让自己的心中充满希望，充满阳光，充满鸟语花香。

（3）也许，只需要一丝一缕的阳光，就能使人鼓起生的勇气。对于自己，千万不要吝惜这一丝一缕的阳光。

（4）墙上的窗，也是心上的窗，更是人生的希望之窗。

相信自己我很棒

## 青少年要享受简单付出的快乐

为了收获而播下的种子未必能够长成参天大树，正应了古人所说的，有心栽花花不开，无心插柳柳成荫。真正的付出，是不计较回报的。真正的付出，是无私的，也是没有索求的。付出原本是一种享受，一种无心插柳的淡然，假如在付出的时候就设想了未来的收获，那么，你的心中就会满载沉重的负荷，甚至使你感到无比的压力。因此，想要付出的人，不妨随心播下付出的种子，至于收获多少果实，最好顺其自然。

有一位智者收了众多门生，他在几年里把自己的学识和领悟一点点地传授给了他们。

在这些门生毕业前夕，智者想留下他们中的一位传承自己的衣钵，便召开了一次大会。在会上，智者宣布，他将一视同仁，让所有门徒都参加这次考核。考核的题目很简单，就是让他们每人花一年的时间做一次长途旅行，想传承他衣钵的人一年后再回到他身边汇报这次旅行的心得，接受他的考核。

从学多年，能传承智者的衣钵，当时是每位学徒的理想。大家听后，个个摩拳擦掌，跃跃欲试。这让智者甚感欣慰。门徒一一离开，智者满怀希望地等待着他们陆续归来。一年很快过去，结果让智者大失所望，众多门徒竟没有一位回归门下。一气之下，智者决定关门闭学，打算后半生不再开堂授徒，并跑到好友白隐禅师那儿大吐苦水。

白隐禅师闻后，微微一笑，把智者带到一棵树下，问：

### 第7章 肯定自己，青少年要牢牢将命运之绳掌握

"你还记得这棵树吗？"智者双手合十，毕恭毕敬地向树深深鞠了三个躬，然后回答说："我怎么能忘记呢，在我落难之时，全靠它替我遮阳蔽日、挡风拒雨，它已经长在我心底了。"

"对啊，在每位门徒心目中，你就是这样一棵树，他们都是在你身边栖息过的鸟。他们虽然没飞回来，但你已长在他们心里了。"

智者大悟。

不久，智者重新开堂设馆，广收天下门徒。

### 心灵启示

不求回报的付出才是真正的付出，想要得到回报的付出只能算是一种投资，既然是投资，就必然有心理落差，或多或少，总是难以使人心满意足。为了使自己更好地享受付出的乐趣，我们应该无私地付出，这样才能享受到给予的快乐。作为老师，总是桃李满天下。而在三尺讲台上辛勤耕耘的时候，老师们却从没有想过学生事业有成之后会回报他。这是真正的付出。在上述事例中，作为智者，也有千虑一失的时候。他因为门徒没有回来继承他的衣钵而愤愤不平，却忘记了在他落难之时为他遮蔽风雨的大树已经长在了他的心里，这又何尝不是一种别样的回报呢？

（1）付出就是付出，付出应该纯粹，而不应该有所希求。

（2）付出的人能够享受到一种给予的快乐，这种快乐本身就是一种回报。

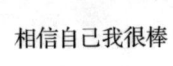

（3）假如人们在付出的时候就想着回报，那么，他非但无法享受到付出的快乐，还会给自己的心灵增添负担。

（4）门徒虽然没有回来继承师傅的衣钵，但是，师傅却深植于门徒的心中了。

（5）对于真心付出的人而言，在播下付出的种子以后，顺其自然就好了。

## 青少年内心有信心，就能产生力量

从心理学的角度来说，心理暗示在日常生活中很常见，指的是人们很容易接受外界或者别人的愿望、观念、情绪、判断、态度等的影响。俄国心理学家巴甫洛夫认为，对于人类而言，暗示是最典型、最简单的条件反射。从心理机制上来说，心理暗示不一定有根据，而只是一种被主观意愿肯定的假设，然而，因为人们在主观上已经肯定了它的存在，所以，人们从内心深处总是竭力地趋向于心理暗示的内容。正是因为心理暗示有着如此强大的作用，所以，我们在日常生活中也可以用心理暗示的方法影响自己或者别人。很多时候，积极的心理暗示能够使被暗示者产生巨大的变化，甚至做出超出自己预期的成就。

曾经有位校长在自己的小学里做过一个著名的实验，实验的结果让许多人感到吃惊。在新学年开始的第一天，这所学校的校长把三位教师叫进办公室，对他们说："我这几天查看了

## 第7章 肯定自己,青少年要牢牢将命运之绳掌握

你们过去的教学档案和成绩,认为你们是本校最优秀的老师。因此,我们特意挑选了100名全校最聪明的学生组成三个班让你们教。这些学生的智商比其他孩子都高,希望你们能把他们带出来,让他们取得更好的成绩。"

三位老师听到校长对自己如此器重,不禁心中暗喜,都高兴地表示一定尽力做好工作。校长又叮嘱他们,对待这些孩子要像对待其他学生一样,不要让孩子或孩子的家长知道他们是被特意挑选出来的,这样会影响其他学生的发展和学校的声誉,老师们都答应了。

很快,一个学期过去了,又是一个学期。一学年之后,这三个班的学生成绩果然名列整个学区的前茅。这时,校长告诉了三位老师真相:这些学生并不是那位校长刻意选出的最聪明的学生,而是随机抽调的。三位老师跌破眼镜,他们没想到会是这样,于是都认为是他们教学水平的功劳。更让这三位老师想不到的是,这时校长又告诉了他们另一个真相,那就是,他们三位也不是被特意挑选出的全校最优秀的教师,不过是随机抽调的普通老师罢了。

三位老师不禁哑然,不知道该说什么好,但对于取得如此骄人的成绩,都感到十分惊奇,无不佩服校长的英明和睿智。

### 心灵启示

校长的话无疑给了三位教师以强烈的心理暗示,正是在校长的暗示之下,这三位教师才信心满满地对待这从全校"精心

相信自己我很棒

挑选"出来的100名学生。正是因为有了这个暗示的激励，这三名教师变成了名副其实的全校最优秀的教师，而那100名原本非常普通的学生也变成了名副其实的全校最优秀的学生。这就是心理暗示的强大作用。其实，心理暗示不仅可以暗示别人，也可以暗示自己。只要我们愿意相信自己，肯定自己，我们就能够超越自己，创造奇迹。

博格斯是NBA历史上身材最矮的球员。他从小就非常喜欢玩篮球，并且梦想着能够参加NBA的比赛。但是，他的父母却不看好他。父母觉得他太矮了，自身条件并非很好，那么多比他高的人都没有进NBA，他怎么能轻易进入NBA呢？即便如此，博格斯也没有放弃自己的理想，因为，他始终坚信只要自己肯努力，就一定能够创造奇迹。为此，博格斯不管寒冬酷暑，每天都坚持不懈地练习投篮、运球、传球等篮球技巧，与此同时，他还有目的地锻炼自己的体能，经常在球场与其他人进行篮球比赛。因为长期以来始终坚持锻炼，博格斯的篮球比赛技能得到了很大的提高，无数次赢得了荣誉。即便这样，他身边的人依然不相信他有机会参加NBA比赛，因为博格斯的身高到了一米六之后就再也没有变化了。要知道，即使是普通的篮球队，也不会愿意收这种身高的队员，更何况是NBA呢？

博格斯知道自己的优势和劣势，为了弥补自己的不足，他用了比别人多几倍的时间来练习篮球技巧，最终凭借自己的实力代表全镇参加比赛。迈出了第一步之后，博格斯依然勤学苦练，最终真的成了NBA夏洛特黄蜂队的球员之一。虽然他不高，但是他却是NBA失误最少、表现最杰出的后卫之一。在球场上，他把自己身体矮小的劣势转变成优势，使自己变成了"一颗旋转中的子弹"，灵活异常。毫无疑问，博格斯成功了，而他的成功源于他始终坚定不移地相信自己，肯定自己。

确实，世界上有很多看似无法完成的事情其实并没有我们所想象得那么难，只要我们相信自己，不断地努力，我们就一定能够获得成功。要知道，很多人之所以失败，是因为他们从未开始，因为胆怯，他们放弃了原本属于自己的机会。"不可能"是懦弱者和胆怯者为自己寻找的借口，是人们对自己的否定和不信任。只有突破这个瓶颈，你，才能超越自己，创造奇迹。

（1）每个人都有自己的缺点和优点，我们要客观评价自己，正确认识自己。

（2）每个人都有缺点，我们不能因为缺点而限制自己的发展。

（3）扬长避短固然是重要的，如果像博格斯一样把自己的劣势变成优势，则更加令人欣慰。

（4）不管什么时候，我们都要相信自己，肯定自己，只有这样，我们才能拥有强大的力量。

## 青少年的命运如何，全靠自己掌握

很多时候，我们因为生活的不如意而怨天尤人，殊不知，

相信自己我很棒

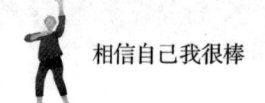

生活之所以不如意,并非因为客观外物,更不是因为别人,而是我们没有把握好自己的命运。其实,每个人的命运都牢牢地把握在自己的手里,想拥有怎样的命运,我们就应该付出怎样的努力。上天总是公平的,种瓜得瓜,种豆得豆,倘若什么也没有种,自然只能面对贫瘠的土地。所以,当我们抱怨命运不公的时候,我们先反省自身,我们做到了吗?我们做好了吗?我们尽力了吗?假如做了,也没有如意,那么只能说还没有做好。假如做好了,依然不能如意,只能说还没有尽力。假如尽力了,那么,你还需要坚持,不放弃。既然命运握在你的手中,你一旦放弃,就相当于放弃了自己的命运。

小张是一个生活平庸的年轻人,他对自己的人生没有信心,整天忧心忡忡、闷闷不乐。因此,他平时经常去找一些"赛半仙"算命,结果越算越没信心。他听说山上寺庙里有一位禅师很是了得,这天,他便去拜访禅师。他问禅师:"大师,请您告诉我,这个世界上真的有命运吗?"

"有的。"禅师回答。

"噢,这样是不是就说明我命中注定穷困一生呢?"他问。禅师让这个年轻人伸出他的左手,指着手掌对年轻人说:"你看清楚了吗?这条横线叫做爱情线,这条斜线叫做事业线,另外一条竖线就是生命线。"

然后禅师让他自己做一个动作,把手慢慢地握起来,握得紧紧的。

禅师问:"你说这几根线在哪里?"

第7章 肯定自己，青少年要牢牢将命运之绳掌握

那人迷惑地说："在我的手里啊！"

"命运呢？"

那人恍然大悟，原来命运是掌握在自己手里的。

## 心灵启示

很多人都不知道命运原来是掌握在自己的手中，只知道一味地怨天尤人，抱怨命运不公。禅师的话点醒了迷惑不解的年轻人，我想，从此以后，年轻人一定不会再轻易抱怨，而是牢牢地握紧自己的双手，把握自己的爱情、事业和生命。

命运常常会给我们一些意外，这些意外或者是惊喜，或者是挫折，但不管怎样，我们都只能依靠自己度过一切艰难和坎坷。德国著名音乐家、作曲家贝多芬在创作的鼎盛期突然耳聋了，面对如此沉重的打击，他非但没有屈服，反而说："它休想使我屈服！"面对命运的捉弄，他最终成功了，为世界的音乐宝库留下了浓墨重彩的一笔。著名作家小仲马在文学界赫赫有名，然而，他刚开始从事文学创作时却屡屡遭遇闭门羹。见到小仲马屡遭退稿，他的父亲大仲马建议他告诉编辑他是大仲马的儿子，不料，小仲马坚定地拒绝了。他从未接受父亲和一些杂志社主编的所谓的帮助，最终完全凭借自己的努力写下了惊世之作《茶花女》，成了一位蜚声文坛的文学巨匠。我国著名教育家陶行知曾经也说过："滴自己的汗，吃自己的饭，自己的事情自己干，靠人靠天靠祖上，不算是好汉。"纵观这些成功人士的成长经历，我们不难发现，他们之所以能够获得成功，是因为他们牢牢地把握了自

相信自己我很棒

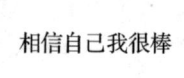

己的命运。

（1）当你看到别人的成功时，无须艳羡，因为你同样也可以获得成功。

（2）摊开自己的掌心，再握紧自己的掌心，你是否感觉到你的命运就紧握在自己的手掌中。

（3）不管什么时候，你的命运都不是由别人决定的，而是你自己。

（4）向那些成功人士学习吧，学习牢牢地把握自己的命运，学习成就自己的一生。

# 第8章
# 心灵减负，青少年才能轻松踏上新的人生征途

不管什么时候，希望都是我们勇敢面对生活的支柱。假如没有希望，生活就会变得无比黯淡，生活中的一切都会使人兴趣索然。只有满怀希望的人，才能够积极地面对生活的苦难，勇敢地战胜我们面对的困难，成为生活的主人。在漫长而又变幻莫测的人生旅途上，我们只有放开自己，才能看到更加美丽的旅途风景。

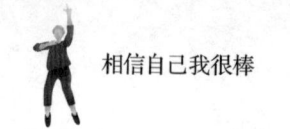

## 青少年赶走心中的乌云，为阳光腾出新地方

　　太阳每天都出来，只是我们有的时候看不到它而已。因为，它就像一个顽皮的孩子，喜欢躲藏在乌云后面。生活也是如此，生活总是美好的，是值得人们珍惜的，只是有的时候它会跟人们开一个小小的玩笑，使人有点儿措手不及，却又不得不面对。只要你能够乐观地面对，永不放弃，你就必能守得云开见月明。

　　等车的时候，远远地看见一个小孩子拉着妈妈过来了，好像还在争论着什么。待到他们走近我才听清楚，原来是在为去不去动物园看大象而争执。

　　小孩子不依不饶："不嘛，不嘛，我就要去动物园看大象。"

　　妈妈劝他："不是早说过了吗，今天出太阳了咱就去，但今天没有出太阳啊，而且天气预报说还可能下雨呢，还是改天再去吧。"

　　"妈妈骗我，今天出太阳了……"

　　妈妈笑了起来，问道："是吗？那你说说，太阳到底在哪儿。"

　　小孩子抬起头来，东看看西瞧瞧，然后指着天空喊："不是在那儿嘛。"

　　"没有啊，那只是乌云而已呀。"

　　"对呀！"没想到，小孩子一副非常认真的样子，"太阳就躲在乌云的后面呢,等一会儿乌云一走开,不就出来了吗?"

周围等车的人都笑了。是呀,小孩子的话确实有道理:太阳每天都在天空中,有的时候我们看不见它,那是因为它躲在了乌云的后面,一旦乌云散开了,不就出来了吗?

## 心灵启示

太阳每天都出来,正如生活每天都很美好,很值得我们珍惜一样。当我们的生活偶尔被乌云遮住阳光的时候,不妨想一想这个小孩子的话。记住,永远都有云开见月明的那一刻,只要你坚持下去。

1982年12月4日,尼克胡哲出生了。刚出生的他不仅没有双臂,而且没有双腿,只在左侧臀部以下的地方长着一个有两个脚趾头的小"脚"。他的父亲看到儿子居然长成这样,被吓了一大跳,跑到医院产房外呕吐起来。即便他的母亲,也始终无法接受这个残酷的现实,直到四个月之后,她才抱起襁褓中的尼克胡哲。在医学上,尼克胡哲这种罕见的现象被称为"海豹肢症"。

因为身体有残缺,尼克胡哲非常痛苦,他10岁时曾经试图把自己溺死在浴缸里,但是他失败了。此时此刻,他的父母已经接受了他身体残缺的现实,并且开始积极地鼓励他战胜困难,努力生存。此后,尼克胡哲创造了一个又一个奇迹,他不但学会了游泳,还学会了冲浪,他不但学会了用仅有的两个脚趾打字,还学会了写字,打高尔夫。尼克胡哲在冲浪板上做高

175

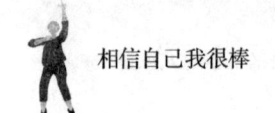

难度旋转动作的图片被发表在美国一家杂志的封面上,此时此刻,尼克胡哲终于迎来了自己的人生,他不再为自己身体的残疾感到烦恼,而是坦然接受。

生命,对于每个人都只有一次,当上帝给你关了一道门的时候,他一定会为你打开一扇窗户。所以,只要你耐心地等待,不放弃努力,坚信乌云终将会散去,那么,你就一定能够迎来属于自己的阳光。

(1)人生不可能每天都是阴天,你要学会在阴天耐心地等待晴天。

(2)当遇到无法逾越的困难时,不如想一想温暖的阳光照耀在身上的感觉吧。

(3)即使此时此刻乌云蔽日,太阳也迟早会悬挂在晴空之中。

(4)人生就如天空,有阴有晴,我们要学会坦然面对。

## 不管何时,青少年都不能放弃希望

希望,是所有人成功的起点,信念,是托起人生大厦的支柱!假如人生中缺少了这两种力量,那么,你的人生一定会苍白无力,一事无成。只有信念坚定的人,才能够创造生命的奇迹。从某种意义上来说,希望是人生的种子,如果没有希望,人生必将无法开枝散叶。信念的力量能够鼓舞人们在绝境中坚

## 第8章 心灵减负，青少年才能轻松踏上新的人生征途

持下去，直至胜利。因此，不管什么时候，我们都要满怀希望，并且坚定自己的信念，扬起生命的风帆。

一位喜欢旅游的朋友从新疆回来之后，给我讲了一个耐人寻味的故事。

那天，他正在新疆的古尔班通古特沙漠里探险，一场突如其来的沙漠风暴使他迷失了前进的方向。更为可怕的是，他随身携带的干粮和水也在寻求躲避之地的时候，被风沙卷走了。翻遍了全身上下所有的口袋，他只找到一个已经啃过一口的青苹果。"呵呵，不错的，我还有一个苹果呢！"他十分欣喜地叫了起来。

随后，他紧紧攥着那个青苹果，漫无目的地在沙漠里寻找可能的出路。有好多次，当饥饿、干渴和疲劳一股脑儿袭来的时候，他真想一屁股坐下来美美地吃掉那个散发着甜味儿的苹果，但最终还是忍住了。

一天过去了，两天过去了……第三天中午，他拖着沉重的双腿爬上了一座沙丘，终于看见了几座放牧人的帐篷。长出一口气，他慢慢地展开了手，发现那个始终舍不得咬一口的青苹果，早已干巴得不成样子了。

听完朋友这个故事，我在深深赞叹之余，也深感惊讶：一个表面上看起来很不起眼的苹果，竟然有如此不可思议的神奇力量？

其实，仔细想一想，这哪里是苹果的神奇力量呀，分明是朋友坚定的信念力量！

### 相信自己我很棒

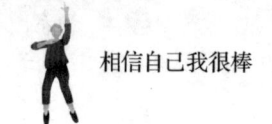

## 心灵启示

朋友之所以保留着那个青苹果，正是为了保持自己心中的信念，使自己始终留存一份希望。假如手中没有那个苹果，他很可能放弃生的希望了，以致无法看见放牧人的帐篷。有的时候，生机就在眼前，但是，绝望的人却缺乏坚持到最后的信念和勇气。

很久以前，有一支探险队进入了广袤无垠的大沙漠之中。因为天气突变，他们在风沙之中迷了路。此时，每个人的水壶里都没有水了，大家又饥又渴，在死亡线上挣扎着……看着无边无际的沙漠，每个人都露出绝望的神情，他们不约而同地感受到了死亡的威胁……就在此刻，队长突然拿出一只沉甸甸的水壶，郑重其事地对大家说："我还有一壶水，不过，在我们成功地走出大漠之前，谁都不许喝这壶水。"

听完队长的话，大家都两眼冒光地看着队长手中的水，似乎看到了生的希望。就这样，这壶水从队长手中传到了每个人的手中，队员们满怀希望地感受着那沉甸甸的水壶，似乎看到了生的希望。直至走出了沙漠，摆脱了死亡的阴影，大家才拥抱在一起喜极而泣，当他们用颤抖的手拧开壶盖时，却发现金色的细沙从水壶中缓缓地流淌出来。

到底是谁带领他们走出了绝境？只能说，是队长以沙子当水带给他们的希望与信念。

其实，人生中根本没有真正的绝境，人们不是常说天无绝人之路。不管处于何种境遇之中,只要我们满怀希望,始终坚持,那么,就能够使心中那颗信念的种子生根发芽,就能使我们的生命开出绚烂的花朵!

(1) 绝望除了使事情变得更糟糕更无望之外,没有任何好处。

(2) 不管什么时候,希望都是生命的种子,信念都是支撑人生大厦的支柱。

(3) 如果没有希望,人生就会变成茫茫荒漠。

(4) 信念的力量是巨大的,是它,使人们有勇气和毅力创造生命的奇迹。

## 青少年要坚守自己的内心,活出自己的个性

人生是有方向的,而主宰人生方向的就是心灵的方向。你积极乐观,就会觉得凡事都顺利,其实,它们未必那么顺利,只是你觉得顺利而已;你悲观绝望,就会觉得任何事情都陷入了绝望之中,其实,它们未必那么糟糕,只是你觉得糟糕而已。如果你心情很好,即使窗外下着雨,你也能够笑靥如花;如果你心情抑郁,即使窗外阳光灿烂,你也会像霜打的茄子。由此可见,我们首先要为自己的心灵找到方向,这样,我们的人生才会向着我们心中所期冀的那个方向发展。

有位秀才第三次进京赶考,住在一个经常住的店里。考试

### 相信自己我很棒

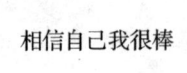

前两天他做了三个梦,第一个梦到自己在墙上种白菜;第二个梦到下雨天,他戴了斗笠还打伞;第三个梦到跟心爱的表妹脱光了衣服躺在一起,但是背靠着背。

这三个梦似乎有些深意,秀才第二天赶紧去找算命的解梦。算命的一听,连拍大腿说:"你还是回家吧。你想想,高墙上种菜不是白费劲吗?戴斗笠打雨伞不是多此一举吗?跟表妹都脱光了躺在一张床上,却背靠背,不是没戏吗?"

秀才一听,心灰意冷,回店收拾包袱准备回家。店老板非常奇怪,问:"不是明天才考试吗,今天你怎么就要回乡呢?"秀才如此这般说了一番,店老板乐了:"哟,我也会解梦的。我倒觉得,你这次一定要留下来。你想想,墙上种菜不是高中吗?戴斗笠打伞不是说明你这次有备无患吗?跟你表妹脱光了背靠背躺在床上,不是说明你翻身的时候就要到了吗?"

秀才一听,更有道理,于是精神振奋地参加考试,居然中了个探花。

### 心灵启示

同样的一个梦,因为不同的解释,对秀才产生了截然不同的影响。如果秀才听从了前面那个算命先生的话,那么,他的一生就将变得完全不同。幸运的是,店老板制止了秀才回乡的行为,使他在绝望之余产生了新的希望。正因为此,秀才才能高中探花,改变自己一生的命运。

你呢?你想当那个高中探花衣锦还乡的秀才,还是想当那个灰溜溜逃回家乡的秀才？秀才幸运地得到店老板的鼓励，我们却未必幸运地遇到好心的店老板。因此，我们需要相信自己，坚守自己的心灵。只有这样，你才能成功地参加一场又一场的人生考试，最终交出令人满意的答卷。

小丫和小依是双胞胎，她们俩长得都很漂亮，学习也好。然而，她们的性格却完全不同。小丫心高气傲，总想找一个成功男人做自己的男友，幻想过上奢华的王子与公主的生活。小依虽然条件一点儿不比姐姐小丫差，但是在寻找意中人方面，要求简直太低了。用小依自己的话说，就是"找一个身心健康、爱我且我爱的男人共度一生。"也许因为要求低，小依很快就与一个高高大大的男孩交往了，这个男孩看起来非常诚实憨厚，对小依也很好。对此，小丫却满肚子意见，她不止一次地劝说小依："你条件一点儿不比别人差，干吗要找一个一穷二白的男朋友呢？如今，生活这么艰难，你们什么时候才能享福啊？"对此，小依总是淡淡一笑，因为她知道姐姐小丫无法理解她的幸福。

几年过去了，小丫依然孤身一人，而小依则有了一个可爱的女儿。有的时候，看着小依一家三口幸福地过日子，小丫的心中酸溜溜的。又过去了两年，小丫终于与一位有过短暂婚史的小老板结了婚，她原本以为自己从此过上了锦衣玉食的生活，不曾想，小老板仗着有几个钱，只把小丫当成自己的附属品，可怜的小丫，虽然穿金戴银，但是在家中却丝毫没有地位，更没有得到丈夫的爱。时至今日，她才幡然悔悟，意识到

相信自己我很棒

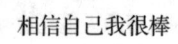

小依才得到了真正的幸福。

如今，人们越来越拜金了，年轻美貌的女子都做怀春的梦，只不过，这原本瑰丽的少女之梦，因为掺杂了金钱，渐渐地变了味道。小丫和小依对于爱情和婚姻的追求，无疑告诉我们一个真理：不管什么时候，我们都要坚守善良和本分，不要为了所谓的金钱而出卖自己的感情和灵魂。一切幸福的婚姻，必须建立在毫无功利的基础之上，假如掺杂太多，就会变味。

人生之中，有太多的诱惑。要想活出真我，就必须固守自己的心灵，主宰心灵的方向，不能迷失自我。

（1）面对诸多诱惑，我们必须想明白自己到底要什么。

（2）人生是一趟没有回程的旅行，千万不能迷失方向。

（3）面对诱惑，我们要有定力，要坚守自己的内心。

（4）天上从来不会掉馅饼，要想有回报，就必须先付出。

## 青少年要善于为自己的心灵减负

随着时代的发展，人们的生活节奏越来越快，生活压力也越来越大。为了生活得更好，我们应该学会缓解压力，否则，就会被压力压垮。那么，如何缓解压力呢？举个最形象的例子，在挑担子的时候，我们应该学会双肩轮流挑，而不要始终把担子放在一个肩膀上。不然，肩膀就会被压肿，更严重的会被压垮。

有两个和尚，常常结伴到山下的河里去挑水。和尚A挑完水之后只是轻喘几口气，而和尚B挑完水之后总是累得够呛。

和尚B想：瞧他那身板也没有我的壮，况且挑水的桶也不比我的小，可为什么他挑一担水丝毫不觉得累，而我挑一担水则累得不行呢？

又一次结伴去挑水。两个来回之后，和尚A似乎什么事也没有，而和尚B却是左肩膀又红又肿，于是他喊住和尚A，说："让我瞧瞧你的肩膀。"

和尚A脱下衣服让和尚B看：两个肩膀啥事儿也没有，只不过微微泛红罢了。和尚B心里开始嘀咕：奇怪，我和他挑同样的担子走同样的路，为什么我的肩膀又肿又疼而他的肩膀却毫发无损呢？

第三个来回，和尚B就要求两个人换一下水桶来挑。但挑着一担水上来之后，和尚B的左肩膀越肿越大了，而和尚A还是一点儿事也没有。

和尚B越发迷惑不解了，就吩咐和尚A再挑水的时候走在前头，而自己在后面跟着，也好仔细地观察自己挑水和和尚A到底有什么不同，但结果没有发现两人挑水有什么不同。

如此这般地折腾了几个来回，和尚A也对和尚B的"左肩膀红肿"感到奇怪了，就吩咐他走前头而自己在后面仔细地观察着。很快，在走到半山腰的时候，和尚A终于找到了原因，就赶紧喊住他："哎，你怎么不用两个肩膀轮换着挑水呢？"

"用两个肩膀轮换着挑水？"听了这话，和尚B顿时愣

相信自己我很棒

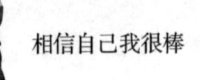

住了。

"是呀。人有左右两个肩膀,你怎么只用自己的左肩膀挑水呢?"和尚A边说边挑起自己的水桶,"你瞧,我现在用左肩膀挑水,如果左肩膀累了,就把水桶换到右肩膀上去。如此来回,肩膀又怎么会红肿呢?"

和尚B恍然大悟了:是啊,人有两个肩头,怎么能把担子老放在一个肩头上呢?于是,他效仿和尚A挑水,还是那么长的山道,还是那么重的一担水,但他的肩膀却不再疼痛难忍了。

## 心灵启示

因为学会了缓解压力,所以,和尚A轻轻松松地把水挑到了山上,而和尚B的肩膀却被压肿了。生活也是同样的道理,假如我们始终把生活的重担放在一侧的肩膀上,那么,我们就无法为自己解压,导致直接被压垮。当然,在生活中,缓解压力的方式有很多,并非像挑担子一样只能轮换肩膀。其实,我们也可以在忙碌的工作之余去旅游,从而释放我们的压力。还可以在疲惫的时候泡个热水澡,或者去健身房锻炼。女性朋友还可以练习时下流行的瑜伽,这些都是很好的解压方式。总而言之,只要能使你紧绷的神经放松片刻,使你疲劳的身体得到舒缓的,都是缓解压力的好方式。

(1)钱是挣不完的,有钱,而没有健康的身体,是人生最大的悲哀。所以,我们要学会休息。

(2)工作是别人的,身体是自己的,因为忙于工作而损害自己的身体健康是不值得的。

（3）没有人愿意整日劳累，但是大多数人都为生活所迫，如何把生活的节奏调整好，这是每个现代人都需要面对的问题。

（4）就像小和尚挑水那样，不要把所有的苦难都放在同一侧肩膀上。

## 青少年要坚信，风雨之后一定会有彩虹

很久以前，人们就发现，处于安逸环境中的人大多没有太高的志向，能力也显得很平常，总之，没有什么特别突出的地方。而那些伟人和成功者，则大多有着坎坷的成长经历，他们曾经吃过很多苦，遭遇过很多波折，但却从没有放弃过。人们常说，真金不怕火来炼，意思就是说，真正有本事的人，不会因为一时的波折而放弃自己，而是始终坚持不懈。由此可见，我们要想突破人生的瓶颈，要想取得更好的发展，就不能仅仅局限于自身生活的小圈子，更不能因为贪图安逸而畏首畏尾，不敢踏足外面的世界。要知道，只有经历风雨的人，才能见到绚烂的彩虹，人生更是如此。

大约十年前，卢林作为业务员在一家电话推销公司接受培训。有一次，主管在培训课上用图诠释了一个人生寓意。他首先在黑板上画了一幅图：一个圆圈中间站着一个人，接着，他在圆圈的里面加上了一座房子、一辆汽车、一些朋友。

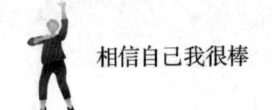

主管说:"这是你的舒服区。这个圆圈里面的东西对你至关重要:你的住房、你的家庭、你的朋友,还有你的工作。在这个圆圈里,人们会觉得自在、安全,远离危险或争端。"

"现在,谁能告诉我,当你跨出这个圈子后,会发生什么?"教室里顿时鸦雀无声,一位积极的学员打破沉默:"会害怕。"另一位认为:"会出错。"这时主管微笑着说:"当你犯错误了,其结果是什么呢?"第一名回答问题的学员大声答道:"我会从中学到东西。"

"正确,你会从错误中学到东西。当你离开舒服区以后,你学到了不曾知道的东西,你增加了自己的见识,所以你进步了。"主管再次转向黑板,在原来那个圈子之外画了个更大的圆圈,还加上些新的东西,如更多的朋友、一座更大的房子等。

"如果你老是在自己的舒服区里头打转,你就永远无法扩大你的视野,永远无法学到新的东西。你只有跨出舒服区,才能把自己人生的圆圈变大,才能把自己塑造成一个更优秀的人。"

## 心灵启示

人的本性就是贪图安逸,如果从本能的角度来说,几乎没有人愿意吃苦。那么,为什么还会有那么多人不辞辛苦地去奋斗、去拼搏呢?原因很简单,他们有着强烈的欲望,希望自己能够生活得更好。人们常说,先苦后甜,苦尽甘来,意思就是说,天上不会掉馅饼,要想过上安逸的生活,首先要付出。因此,我们要想取得成功,首先要突破自身的瓶颈,从安乐窝中走出来,投身

## 第8章 心灵减负,青少年才能轻松踏上新的人生征途

到大风大浪之中,这样一来,我们才能够经历更多的风雨,才能够迎来人生收获的季节。

乔林和宋茜是大学同学,她们从同一所师范院校毕业。毕业之后,乔林在父亲的安排下回到家乡当了一名教师,而宋茜则毅然决定去北京打拼。得知女儿做出了这个决定,宋茜的父母都表示反对,因为一辈子没有出过省城的他们简直无法想象一个女孩子孤身去遥远的北京要如何生活,更不愿意女儿放弃旱涝保收的教师职业。但是,宋茜却铁了心地要去北京闯荡。的确,困难比预想得更多。到了北京以后,宋茜在短期之内根本没有找到工作,很快,她随身带的钱就花完了。有一段时间,她不得不每天吃馒头咸菜就着白开水。为了节省房租,她搬到地下室居住。这一切,她从未告诉父母。而乔林呢?工作之后,每天过着和学生时代相差无几的三点一线生活,而且,很快就找了同为教师的老公。他们的生活非常安逸,似乎一眼就能望到头,可以想象,即使时光流逝,他们依然过着同样的生活。有的时候,乔林很庆幸自己当初没有做出和宋茜一样的决定;有的时候,宋茜甚至怀疑自己当初的决定是否正确。然而,无论怎样,她都已经没有回头路了。

熬过最难的那段时间,宋茜找到了一份教师的工作。两年后,她又改行做了销售。从此,她的生活发生了翻天覆地的变化。众所周知,销售工作是一分付出一分收获。为了生活得更好,宋茜就像一只上紧了发条的闹钟一样,一刻不停地努力拼搏着。谁也想不到的是,三年后,宋茜凭借自己的实力在

相信自己我很棒

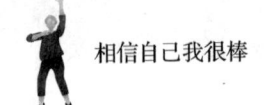

北京买了房子，很快，还贷款买了车子。北京毕竟是国际化大都市，立足中国，放眼世界。几年之后，乔林和宋茜再次相聚时，她们几乎不敢相认。乔林的生活和几年前毫无变化，似乎可以想象得到未来几十年的生活，但是，宋茜的生活却在几年之间发生了翻天覆地的变化。而原本无话不谈的好朋友，再交流起来，居然没有什么共同语言了。乔林遗憾地说："还是大城市好啊，见多识广的，不像我，当个老师，吃不饱也饿不死，一辈子就这样了。"宋茜从乔林的眼中看到了羡慕，看到了钦佩，也看到了很多复杂的感情……

如果是你，你愿意像宋茜那样去奋力拼搏，还是愿意像乔林那样安于本分？其实，每个人都有选择自己生活的权利，每个人都有权按照自己的方式生活，所以，我们无权评价别人的生活是好还是坏。不过，有一点是可以肯定的，假如你想拥有更好的生活，你想让自己的视野更加开阔，假如你不想让自己的一生一眼看到底，假如你不想被生活的条条框框限制住，那么，你就应该打破那个舒适圈，投身到广阔的天地间。

（1）每个人的人生都有一个圆圈，圆圈的大小取决于一个人的野心和志向。

（2）不要因为惧怕风浪而躲藏在安逸的圈圈中，只有打破安逸的圈圈，你才能取得长足的发展。

（3）在安逸的环境待久了，人们难免会丧失斗志，所以，时不时地让自己出来透透气吧！你会发现，外面的世界更加精彩！

（4）人生，不应该被局限，而应该被无限放大。

第8章　心灵减负，青少年才能轻松踏上新的人生征途

## 理解和信任，能帮助你获得巨大的力量

人与人交往时，必须存在最基本的理解和信任，只有这样，人际交往才能顺利地进行，人与人之间才会有真情存在。很难想象，没有理解和信任，人们的内心将会多么空虚，人与人之间又将会多么冷漠。有的时候，理解和信任的力量甚至胜过法律的强制力，因为，理解和信任撼动的是人们的心灵。

他是一个杀人犯，为了逃避追捕，他躲到了一处深山里帮人种植梨树。每一个惊恐寂寞的夜晚，他的灵魂都会受到痛苦的折磨。四年来，他没有一个朋友，没有一个可以倾诉的人。后来，他买了一台收音机，劳动之余就靠它打发时间。

他很快通过电波认识了她。她是一个晚间节目的主持人，她那邻家妹子般亲切的话语深深地震撼了他。他记下了她留给听众的短信号码。

2005年3月的一个黄昏，他经过激烈的思想斗争，终于给她留了言：我是个杀人犯，想去自首，你能陪我去吗？她的心一颤，牢牢记住了这个陌生的手机号码。

以后几天，他又连续发来了多条短信。从他的短信中，她逐渐了解了他的情况：因为他的老婆生性风流，与人私通，他一怒之下杀死了那个男人。自知罪责难逃，便只身逃亡在外。好在他懂得种梨，为了不流浪，他靠给别人种梨树维持生活，整天过着提心吊胆的日子。他说："这样的日子我不想再过下去了，我想去自首，希望你能陪我去，好吗？"

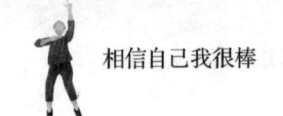

他终于不再仅仅满足于短信交流，而是开始给她打电话。

她听到了一口浓重的陕西方言，他们之间的距离又一次拉近了。她说："还是我给你打电话吧，长途电话费挺贵的。"他说："我怎么能让你花电话费呢？你能听我说话，我已经感激不尽了。"

她问他准备什么时候去自首。

他说："等梨树的第二波虫药洒过之后就去。如果不治了这波虫，梨树将没有收成，主人就会损失惨重的。"他激动地述说着，她听着，哽咽得说不出话来。

4月1日的早晨，她还没有起床，便接到了他的电话。他干了半天活在果园里打的电话。他说："第二波虫药已经洒过了，等不到第三波治虫了。我已买好了去北京的车票，明天就能见到你了。"他显得无比兴奋，她也特别高兴。

他们约好了在她工作单位门口的传达室见面。

第二天上午10点半，她和两位同事在传达室里见到了他。他穿着胶鞋，一身很旧的牛仔工作服，每个指甲缝里都残留着泥土屑，憨憨地笑着。

他说："我来了，很高兴你信任我，没有带警察来抓我。"

她把他带到附近的小吃店，给他要了两大碗馄饨。看着他狼吞虎咽地吃着，她的泪不自觉地流了下来。

吃完馄饨，警察来了。他把手一伸："来吧，我等这一天已经很久了。"他的脸上无比坦然。他回过头来，又对她说了声："谢谢你！谢谢！"

## 第8章 心灵减负，青少年才能轻松踏上新的人生征途

这是从一档电视访谈里听到的真实故事。他叫袁炳涛，陕西人。她是中央人民广播电台《神州夜航》节目的主持人向菲。

### 心灵启示

他是一个杀人犯，却逃脱了法律的制裁，在深山老林里过着胆战心惊的日子。而她呢，则是一个普普通通的节目主持人。如果按照正常的逻辑思维，他们之间似乎永远也扯不上关系，但是，一个偶然的机会，他与她的生命发生了交集。因为她对他的理解和信任，他也无比地信任她，甚至说出了自己身负命案的秘密。把自己的身家性命交给一个从未谋面的人手中，这是多么大的信任啊！正是因为这份信任，他决定改过自新，这就是理解和信任的力量，它们是震撼人心的力量！由此可见，人与人之间，最不能缺少的就是理解和信任。

（1）虽然现实生活中有一些阴暗面，但是，我们仍然应该真诚而友善地对待身边的每一个人。

（2）要想从内心深处感动一个人，我们首先应该理解并且信任他。

（3）理解和信任应该是发自内心的，否则，就无法使人感到真诚。

（4）理解和信任的力量是强大的，我们应该善于利用这种力量。

相信自己我很棒

## 青少年学会减负，心才能快乐

面对灾难，我们往往感到非常沉重，甚至难以自持。殊不知，这正是灾难带给我们的最大伤害——沉重的心理负担。其实，灾难和坎坷本身并没有那么可怕，可怕的是，我们把它背负在心里，始终不知道放下。佛说，放下，但是，芸芸众生却舍不得放下，甚至不知道如何放下。很多时候，只要我们的内心感到轻松了，我们整个人就会变得轻松起来，而且，我们的生活也会随之变得轻松起来。当你担心别人都在用怜悯的目光看着失魂落魄的你时，最好的解决办法就是振作精神，使自己变得阳光开朗。

琳达是一个可爱的女孩，由于公司经营不善，她被老板炒了鱿鱼。失去工作的她感到很沮丧，想到日后的生活就愁眉苦脸。中午，她坐在单位喷泉旁边的一条长椅上黯然神伤，她感到她的生活失去了颜色。这时她发现不远处一个小男孩站在她的身后咯咯地笑，她就好奇地问小男孩，"你笑什么呢？""这条长椅的椅背是早晨刚刚漆过的，我想看看你站起来时背是什么样子。"小男孩说话时一脸的得意。

琳达一怔，猛地想到：昔日那些刻薄的同事不正和这小家伙一样躲在我的身后想窥探我的失败和落魄吗？我决不能让他们得逞，我决不能丢掉我的志气和尊严！

她想了想，指着前面对那个小男孩说："你看那里，那里有很多人在放风筝呢。"等小男孩发觉自己受骗而恼怒地转过脸时,琳达已经把外套脱了拿在手里,露出她身上穿的深红色毛衣,看起来青春漂亮。而小男孩只好无奈地甩甩手,嘟着嘴,失望地走了。

## 心灵启示

生活中,总有很多困境是我们所不愿意面对的,总有些负担对于我们而言太过沉重,这个时候,你会死扛着?还是潇洒地走开?其实,有的时候,所谓的"逃避"也不失为一个好办法。当然,逃避是无法真正解决问题的,然而,生活中的很多问题是根本不需要你去解决的,你只需要把它交给时间就好,然后一身轻松地迎接新生活。

一个年轻人总觉得自己很累,被流言蜚语包围着,寸步难行,为此,他去请教智者。智者沉思片刻,对年轻人说:"现在,我给你一个筐,你背上去爬山吧。在爬山的过程中,不顾看到什么,只要你觉得好,你就捡起来放到背篓中。"

年轻人辞别智者,背着背篓上了山。一路上,呼吸着山涧的清新空气,他走走停停,不时地看看野花,摘摘野果,甚至还在山涧旁捡了很多漂亮的鹅卵石放到了背篓中。渐渐地,他觉得背篓里的东西越来越沉,这使他走起来越发沉重。从山上下来,他几乎精疲力竭。智者微笑地看着他,问:"你觉得累吗?"年轻人似乎连点头的力气都没有了,只是不停地说:"真的很累!"

见此情形,智者启迪年轻人说:"你背负的都是你喜欢的

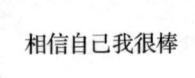

东西，都觉得很累，那么，如果你背负的是你根本不想要的东西呢？其实，有些东西，只要扔掉就可以了。"

年轻人恍然大悟，说："我明白了，对于那些流言蜚语，只要让它烟消云散就好。只要我不背它们，它们就不会压住我。"

生活中，很多困境都是如此，它们原本是困不住我们的，只是我们心甘情愿地深陷其中。相比之下，很多负担也是我们无须背负的，而我们之所以感到沉重，是因为我们没有扔掉它们而已。所以，要想活得轻松，其实是一件很简单的事情，佛说，放下，平凡如你我，则说，丢掉！

（1）生活中，很多使我们感到沉重的东西就像垃圾一样，我们需要做的仅仅是丢掉它们而已。

（2）佛说，放下，我们说，丢掉。

（3）生活中，究竟有哪些东西是我们所无法舍弃的，仔细想想，其实没有多少。

（4）负担很多时候是我们自找的，只要我们不主动往自己身上背，它们就不存在。

## 第9章

# 历经打磨,青少年终能成为你想成为的人

珍珠原本只是一粒被尘埃埋没的沙砾,一个偶然的机会,它进入了蚌的身体,从此,开始与蚌磨合。假如我们用蚌来比喻生活,那么,我们就是那粒进入蚌身体的沙砾。我们痛苦地磨平自己的棱角,使自己变得越来越圆润,最终惊喜地发现自己变成了一颗珍珠。每一颗珍珠,都是痛苦的孕育,这是珍珠的命运。在生活中,我们要想成为美玉,就要学会打磨自己,使自己经过雕琢变成珍贵的人才。

相信自己我很棒

## 青少年不要害怕压力,压力也是动力

人生在世,假如心中没有希望,便会觉得暗无天日。同样的道理,假如觉得生活没有丝毫压力,人们也会因此而颓废、沮丧,失去希望和向上的动力。所以,很多时候,我们应该给自己适当的压力,这样才能帮助我们保持活力。

在一次挖煤施工的过程中,瓦斯爆炸了,煤窑坍塌,出口被厚实的泥土堵得严严实实的,五位矿工深困其中。幸运的是,矿井里刚好有足够的食物和水源。这给被困矿工带来了极大生机。他们找到各自的位置,安静地坐下,等待救援。

时间在死寂的黑暗中震颤着。一天、两天……一个星期过去了,他们支着耳朵,却始终没有听到渴望已久的声音。有人开始烦躁,有人发出凄厉的尖叫。大家已无法承受恶劣环境带来的巨大精神压力,个个都快崩溃了。

突然,他们听到"啪"的一声。黑暗中有人吼叫起来,"谁,谁打我?"一个黑影朝四个伙伴咆哮着,四个伙伴都开始辩解。可黑影就是纠缠着他们不放,审犯人似的一个个详细审问,甚至问得有些不着边际。为了免受冤枉,四位工友还是认认真真地回答。直至个个哈欠连天,声称被打的黑影这才闭了嘴,没趣地倒在一旁呼呼大睡。过了许久,大家都睡醒了,又听到"啪"的一声脆响,这次挨打的是另一位工友,只见他捂着脸，怒不可遏地号叫起来，径直扑向第一个挨打的黑影。双方都不示弱，幸好其余三位工友眼疾手快，死死把双方抱住，两人才住手。为此，大家你一言我一语地理论起来。

类似的情况在每位矿工身上都发生过，其中一位脾气很好的矿工连续挨了三个耳光，最后忍无可忍，勃然大怒。就在他们整天为耳光的事纠缠不清的时候，头顶一丝微弱的亮光提醒他们，有人来救他们了。至此，他们在井底足足被困了23个日日夜夜。

被救后，躺在医院里，四位矿工一直不明白为什么有人无缘无故打自己耳光，只有一位矿工笑呵呵地向四位工友讲起了一则在日本流传很广的故事：古时候日本渔民出海捕鳗鱼，因为船小，回到岸边时鳗鱼几乎死光了。但有一个渔民，他每次捕回的鱼都活蹦乱跳，因此，卖的价钱也特别高，大家都很疑惑。临死前，这位渔民才把秘密告诉自己的儿子。原来，他在盛鳗鱼的船舱里放进了一些鲶鱼。鲶鱼生性好斗，为了防止鲶鱼攻击，鳗鱼也被迫攻击对方。在战斗的状态中，鳗鱼忽略了被捕捉后面临的死亡威胁，所有的潜能都被激发出来，投入战争。这样，尽管它们伤痕累累，但绝大部分鳗鱼还是生存了下来。

听完这则故事，大家恍然大悟。

## 心灵启示

如果不是那位矿工想办法挑起工友之间的纷争，使他们在等待救援的漫长时间里始终保持清醒的意识，那么，这些被掩埋的矿工也许很难熬过漫长的23个日日夜夜。就像那些鳗鱼，

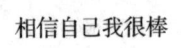

在面对鲶鱼的威胁时，它们已然忘记了被捕捉后面临的死亡威胁，只是一味地想着如何避开鲶鱼的袭击。正因如此，它们才能延长自己的生命。其实，人也是如此，不管在职场中还是在生活中，我们都应该面对一定的压力，只有这样，我们才能充满活力地生存、生活，我们才能更加富于激情，使自己具有坚忍的毅力面对生活中的一切困难和险境。

（1）不要使自己陷于安逸的环境之中，安逸使人颓废。

（2）面对生活的压力，不要抱怨，因为抱怨毫无用处，而应该鼓起勇气，直面困难，在解决困难的过程中提升自己。

（3）想办法把压力变成活力吧，这样，你的生活才能越来越精彩。

（4）对待压力的态度不同，你的人生也将因此而不同。

## 青少年要明白，最重要的是你在成长

生活中，并没有绝对的公平，公平只是相对的。很多时候，我们因为没有得到公正的待遇而愤愤不平，却没有想到，自己在付出的同时也得到了很多。如果为了惩罚别人而使自己陷入绝境之中，这何尝不是一种更大的损失呢？

在一座荒废的园子里，生长着两棵茁壮的苹果树，经过几年的分枝与抽叶，终于开花结果了。

这年秋天，第一棵苹果树一共结了10个苹果，但有9个被前来嬉戏的小孩子摘着吃掉了，只有最后一个因为被几片叶子遮盖了才有幸保留下来。

对此，这棵苹果树甚是愤愤不平："我辛辛苦苦结的果子，到头来才得了这么一个，到底图的什么嘛！"于是，它自断经脉，开始拒绝成长。

到了第二年秋天，这棵苹果树因为养分不足只结出了5个苹果，但有4个依旧被前来嬉戏的小孩子摘着吃掉了，最后一个因为长在高高的枝头上才有幸保留下来。

"去年我结了10个得到1个，得到率是10%；今年我结了5个得到1个，得到率是20%。"这棵苹果树心理平衡多了，"嘿嘿，翻了一番，也值得了。"

与这棵苹果树相比，旁边的另外一棵苹果树却恰恰相反：它第一年也结了10个果子，被嬉戏的小孩子们摘掉9个之后，在第二年更加努力地吸收阳光和雨露，迅速地长得茂盛起来，最后竟然结出了100个果子，虽然被拿走了99个自己只得了1个，但却乐在其中；到了第三年，它继续努力地吸收阳光和雨露，长得更加茂盛了，很快就结出了好几百个果子；到了第四年，它能结出几千个果子了……

也就在第五年，第一棵苹果树的枝叶开始枯朽凋落，很快就轰然倒地化为腐朽了，但第二棵苹果树却依旧根深叶茂——望着颓然倒地的伙伴儿，它哽咽地说：

"嗨，得到多少果子并不是最重要的，重要的是，我们自己在不断地成长啊！"

## 相信自己我很棒

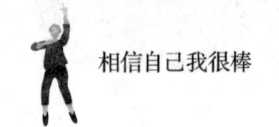

### 心灵启示

为了避免自己辛辛苦苦结出来的果实被孩子们吃掉，第一棵苹果树开始拒绝成长，而第二棵苹果是则恰恰相反，它更加努力地生长，结出了更多的果实。一年过去了，第一棵苹果树被吃掉的概率降低了，当然，这并非因为孩子们不吃苹果了，而是因为它结出的果实变少了。而第二棵苹果树呢？虽然前几年它结出的苹果依然被孩子们摘去吃了，但是，它的果实却一年比一年多，最终结出了几千个果子……它枝繁叶茂，根深蒂固。但是，第一棵苹果树却因为腐烂而轰然倒塌了。这两棵苹果树，谁得到得多？谁得到得少？谁失去得多？谁失去得少？

张明和方强是大学同学。大学毕业后，他们一起进入同一家企业工作。因为刚开始工作，他们俩都没有什么经验，因此被安排在后勤部门熟悉公司业务。所谓后勤部门，其实类似于打杂的部门。每天，他们都有一大堆的勤杂事务要处理。对此，张明牢骚满腹，而方强呢？则总是乐呵呵地做事情，每当闲下来，他还会主动去其他部门帮忙，帮那些工作量比较大的同事做一些力所能及的事情。为此，张明总是讽刺方强："别人把你当打杂的使唤还不够，你自己还硬往上贴啊！"对此，方强总是微微一笑。

半年多过去了，张明的业务知识丝毫没有长进，依然在处理那些勤杂事务。而方强呢？因为他总是利用闲暇时间去其他部门帮忙，所以，他很快了解和熟悉了公司的业务，被调到市场拓展部门了。在那里，他工作起来非常顺利，因为他熟悉公司的各个流程和环节，与各部门的同事也都相处得很好。

不一样的付出，不一样的收获。张明就像那第一棵苹果树，为了使别人吃不到果实，宁愿限制自己的成长。而方强呢？则像第二棵苹果树，在给别人带来便利的同时，也使自己得到了很好的成长。

你想成为谁？

（1）只有在不断的锻炼中，我们的能力才会得到提高，我们的经验才会得到积累。所以，不要吝惜自己的力气，趁着年轻力壮，不如多干点儿活吧！

（2）你付出，不仅仅是为了别人，更是为了你自己！

（3）所谓赠人玫瑰，手有余香。你在付出的同时，自己也得到了很多。

（4）没有人喜欢与一个懒惰的、斤斤计较的同事打交道，所以，让自己变得勤快起来吧！

## 人生危崖，青少年也要勇敢面对

在自然界中有一个非常奇怪的现象，那就是，如果没有天敌的存在，一个物种就会渐渐退化。按照正常的逻辑思维来推理，天敌的存在往往使一个物种的数量急剧减少，那么，为什么没有天敌了，物种反而会退化呢？这就是自然界优胜劣汰的自然法则。因为有天敌存在，一个物种总是存在于危险的环境之中，为了生存，它们必须更加机警灵活。在与天敌搏斗的过程中，那些体质软弱的被天敌吃掉了，剩下的都是顽强得以生

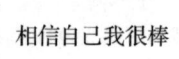

存的。如此一代一代地反复淘汰，物种得以进化。而没有天敌的物种呢？它们生活在安逸的环境中，没有任何危险，所以，它们的生存能力大大下降，最终导致物种不断退化。所以，很多时候，野生动物园为了使一个物种得以存在，或者为了使它们生存得更好，往往会在它们生存的区域投放一些天敌。

有个小孩子，见一只蝙蝠掉在地上，挣扎了好大一会儿也没有飞起来，便开始纳闷儿了：奇怪呀，蝙蝠是非常灵巧的动物，怎么落到地上之后就飞不起来了呢？

带着这个疑惑，儿子去求助父亲。父亲给儿子看了有关蝙蝠的纪录片，视频中山洞的洞顶和洞壁倒悬着无数只蝙蝠，但是没有一只栖落在地面上。

见儿子一副不解的样子，父亲就说：这是蝙蝠在给自己一片危崖。

蝙蝠为什么要给自己一片危崖呢？儿子还是不解，它这样做岂不是让自己每时每刻都处在危险中吗？

父亲笑着告诉他：蝙蝠一旦脱离了攀附的洞壁，就会直接摔在地上。为了避免坠落而亡，蝙蝠只有尽全力地扑打着翅膀，努力使自己向上、再向上，所以我们才看到了灵巧飞翔的蝙蝠……

可是，为什么蝙蝠掉到地上之后，就再也飞不起来了呢？

父亲接着解释道：蝙蝠一旦掉在了地上，就再也没有悬挂在洞壁上那种"生的危险，死的威胁"的感受了。没有这种生死攸关的感受，蝙蝠也就不可能尽全力地去飞，从而导致它永远也飞不起来！

## 第9章 历经打磨，青少年终能成为你想成为的人

### 心灵启示

蝙蝠故意把自己悬挂在悬崖峭壁上，使自己置身于危险之中，时刻保持清醒，所以，它们非得更灵巧。而掉在地上的蝙蝠，则因为落在没有危险的地面上，反倒没法飞起来了。这种规律看似难以理解，其实却很深刻。而且，这种规律不仅仅适用于自然界的各种生物，同样适用于人类。众所周知，温室里长大的孩子是经不起风雨的，反倒是那些家境坎坷的孩子更容易成材，也正是这个道理。在职场上，真正成功的职场人士从来不会安于现状，每当实现一个目标之后，他们就会给自己制定一个更加高远的目标，使自己始终处于努力拼搏的过程中。其实，这个更加高远的目标就是职场人士的危崖。

娜娜和莉莉在同一个部门工作。她们的部门很清闲，每天朝九晚五，只需要做一些基本的工作就可以了，从来不像销售部门那样充满了"血雨腥风"。娜娜对自己的工作很满意，她每天都悠然自得，看到销售部门的同事们整日绞尽脑汁地去拼搏、奋斗，娜娜庆幸地说："幸亏我不是销售部门的，他们虽然工资高点儿，但是脑细胞可不知道死了多少呢！"让娜娜想不到的是，一个月之后，莉莉居然主动申请调到销售部门。娜娜劝说莉莉不要这么轻易地放弃如此清静悠闲的工作，莉莉却坚持去历练。

几年过去了，娜娜依然过着一样的生活，而莉莉取得的成就却令人大吃一惊。经过几年的奋斗拼搏，如今的莉莉已经是销售部门的经理了。因为她的业绩始终非常突出，所以，总经理特别器重她，破格为她配了车，安排了高级公寓。据说，总

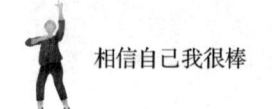

经理有意培养莉莉成为自己的接班人呢。

如今看着高高在上的莉莉,娜娜再也不认为自己的工作是天底下最好的工作了!

一分耕耘,一分收获。可以想象,原本做清闲的后勤工作的莉莉刚转到销售部门的时候该是多么艰难,然而,她还是义无反顾地为自己选择了这一具有挑战性的工作。事实证明,她的付出得到了回报。而娜娜呢,如果不出预料,她的一生都将平淡无奇,因为做惯了清闲的工作,她早已无法适应竞争激烈的社会了。

(1)温室中的花朵经不起风吹雨打,温室中长大的孩子不能担当重任。

(2)有竞争才有压力,有压力才有动力,要想出人头地,我们首先要为自己找一片危崖。

(3)生活不要过于安逸,因为,安逸的生活容易使人意志消沉,丧失斗志。

(4)风雨不可怕,因为那是对我们最好的历练。

## 青少年正确看待自己,短处也能成为优势

每个人都有缺点,就像每个水桶都有自己的短板一样。因为这些缺点,我们也许无法很好地承担一些工作,也因为这些缺点,我们的人生绽放出与众不同的光彩。所谓完美,就是优点与缺点并存,在这个世界上,没有绝对完美的人。只要我们

## 第9章 历经打磨，青少年终能成为你想成为的人

正确看待自己的缺点，扬长避短，或者为自己的缺点找一个适合发挥的领域，那么，那些缺点非但不会阻碍我们的发展，甚至还有可能转变为优点。正如一只有短板的水桶，它也许无法顺利地把一整桶水运送到主人家，但是，它却能够为沿途的野花浇水，用美丽的鲜花装点主人的餐桌。

一位挑水的农夫，他有两个用了很久的水桶，分别吊在扁担的两头，其中一个桶子有裂缝，另一个则完好无缺。每次，完好无缺的桶子总能将满满一桶水从溪边送到主人家中，但是有裂缝的桶子到达主人家时，只剩下半桶水。

两年来，挑水农夫就这样每天挑一桶半的水到主人家。当然，好桶子对自己能够送满整桶水感到很自豪。破桶子呢？对于自己的缺陷则非常羞愧，它为只能负起一半的责任，感到非常难过。

饱尝了两年失败的苦楚，破桶子终于忍不住，在小溪旁对挑水农夫说："我很惭愧，必须向你道歉。"挑水夫问道："你为什么觉得惭愧？""过去两年里，因为我你只能送半桶水到主人家，我的缺陷，使你做了全部的工作，却只收到一半的成果。"破桶子说。挑水夫替破桶子感到难过，他充满爱心地说："我们回到主人家的路上，我要你留意路旁盛开的花朵。"

果真，他们走在山坡上，破桶子眼前一亮，看到缤纷的花朵，开满路的一旁，沐浴在温暖的阳光之下，这景象使它开心了很多！但是，走到小路的尽头，它又难受了，因为一半的水又在路上漏掉了！破桶子再次向挑水农夫道歉。挑水农夫温和地说："你有没有注意到小路只有你漏水的那一边有花，好

相信自己我很棒

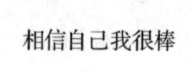

桶子的那一边却没有开花呢？我明白你有缺陷，因此我善加利用，在漏水的路旁撒了花种，每回我从溪边回来，你就替我浇了一路花！两年来，这些美丽的花朵装饰了主人的餐桌。如果你不是这个样子，主人的桌上也没有这么好看的花朵了！"

## 心灵启示

是把整桶水运送到主人家重要，还是用水浇灌路边的野花重要？对于那两只不同的水桶而言，也许，这两个任务都是非常重要的，因为，它们有着不同的使命。想一想在摆放着鲜花的餐桌上用餐的主人的心情吧，他的内心一定充满了愉悦。当然，如果没有那只好水桶为主人家运送了更多的水，也许，一餐美味就无法顺利做出来。所以，不管是那只好水桶，还是那只坏水桶，我们都应该尊重它们，因为它们都有自己的价值。当然，它们更应该尊重自己，意识到自己的价值。做人也是如此，也许我们在某些方面不够优秀，表现得不够好，但是，我们不能因此妄自菲薄，而应该看看自己在其他方面是否有突出的表现。只有正确客观地评价自己，我们才能做到自尊、自重。

（1）即使是一只破水桶，也有它的用途。

（2）即使一个有缺点的人，也有自己的用武之地。

（3）看看那些沿途灿烂的花朵吧，也许，其中就有你的功劳。

（4）要想发挥自己的价值，首先应该找到适合自己的领域。

第9章 历经打磨，青少年终能成为你想成为的人

## 每个青少年都要学习的一道测试题

生活中，我们难免面对取舍，作出抉择。这个时候，内心的煎熬是不言而喻的，因为我们既不想放弃此，也不想失去彼。其实，选择本身比我们做得如何更加重要，因为，一个好的选择能够帮助我们弥补很多自己无法做到的事情。学会选择的人，能够更好地面对人生的百般境遇，从容地应付人生的各种难题。而不会选择的人，在面对选择的时候，往往手忙脚乱，无以应对。由此可见，学会选择是很重要的。

有一家公司出了这么一道面试测试题：

一天，你开着一辆车回家，那是一个暴风雨的晚上，雨下得很大，经过一个车站时，有三个人正在焦急地等公共汽车。其中一位是临死的老人，他需要马上去医院。还有一位是个医生，他曾救过你的命，你做梦都想报答他。剩下的还有一个女人/男人，她/他是你做梦都想嫁/娶的人，也许错过就没有了。

但你的车只能再坐下一个人，你会如何选择？我不知道这是不是一个对你性格的测试，因为每一个回答都有他自己的原因。老人快要死了，你首先应该救他。你也想让那个医生上车，因为他救过你，这是个报答他的机会。还有就是你的梦中情人，错过了这个机会，你可能永远不能遇到一个让你这么心动的人了。

在前来应聘的100个应聘者中，只有一个人被雇佣了，他并没有解释他的理由，他只是说了以下的话："给医生车钥匙，让他带着老人去医院，而我则留下来陪我的梦中情人一起等公

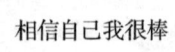

车！"在听到这个答案后，每一个前来应聘的人都认为他的回答是最好的，但几乎所有人一开始都没想到，而只有这个人，给出了最好的答案，并在这个工作岗位上成就了自己的事业。

## 心灵启示

在那100个应聘者中，被雇佣的那个人无疑给出了最完美的答案。他既照顾到了需要就医的老人，又考虑到了情人的感受，而且，还报答了救过自己的医生。面对如此面面兼顾的选择，相信其他的应聘者肯定都佩服得五体投地。在生活中，假如我们也能够作出如此完美的选择，那么，我们一定能够更好地处理生活和工作中出现的种种问题，使自己的生活更加完满。正因如此，那家公司才毫不犹豫地录用了这个应聘者。试想，当那位应聘者以如此完美的选择面对工作中出现的两难境地时，他一定能够把公司的利益最大化，从而兼顾工作的各个方面。

（1）假如生活和工作有了冲突，你会怎么办？是先照顾生活，还是先全力以赴地工作，假如处理不好工作和生活的关系，那么，你既生活不好，也无法工作，所以，这个问题是所有人都需要面对和解决的。

（2）面对自己喜欢做的事情和自己应该做的事情，如何完美地使其结合起来？假如做到了这一点，你一定能够取得长足的发展，因为，兴趣是一个人做好一件事情的最大动力。

（3）其实，不仅仅工作方面需要我们作出完美的选择，在生活中，在与亲人朋友相处的过程中，我们依然需要作出最好的选择。

（4）选择，伴随着人的一生，只有选择对了，我们的人生才能更加顺利和完满。

## 青少年勇于承认错误，才能改正错误

当你犯了错误的时候，你会怎么做？小孩子犯了错误，有的会选择面对，有的会选择逃避，从某个角度来说，孩子面对错误的态度总会受到父母的影响。因此，作为成人，我们应该正确地面对错误。犯错误并不是可耻的事情，因为生活中的每个人都犯过错误，在未来，他们还不可避免地犯错误，反而是声称自己从未犯过错误的人，他们是可耻的，因为这个世界上根本不存在没有犯过任何错误的人。人不是神，无法做到十全十美。一旦犯了错误，我们首先要做的不是逃避，而是勇敢地面对。从某个方面来说，犯错误是一件好事，众所周知，人们的宝贵经验都是渐渐积累的。在犯错误的时候，我们更容易反思，从而知道自己为什么犯错误，这样一来，我们就会有意识地避免再犯同样的错误，从而提升自己。这就是犯错误的宝贵价值，很多时候，错误带给我们的反思和经验，是我们在顺境之中无法得到的。

著名的生物学教授拉塞特，看到生物学的著述错误百出，于是教授宣称他要出版一本内容绝无错误的生物学巨著。

经过一段时间，在众人引颈以待中拉塞特教授的生物学巨著终于出版了，书名叫作《夏威夷毒蛇图鉴》。许多钻研生物学的

**相信自己我很棒**

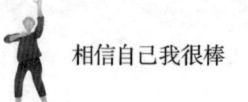

人，迫不及待地想一睹这本号称"内容绝无错误"的生物学巨著。

但每个拿到这本书的人，在翻开书页的时候，都不禁为之一怔，几乎每个人都不约而同地急忙翻遍全书。而看完整本书后，每个人的感觉也全部相同，脸上的表情亦是同样的惊愕。

原来整本的《夏威夷毒蛇图鉴》，除了封面上几个大字之外，内页全部是空白。也就是说，整本《夏威夷毒蛇图鉴》里，全是白纸。

大批记者涌进拉塞特教授任职的研究所，七嘴八舌地争相访问教授，想弄清楚这究竟是怎么一回事。

面对记者的镁光灯，拉塞特教授轻松自若地回答："对生物学稍有研究的人都知道，夏威夷根本没有毒蛇，所以当然是空白的。"

拉塞特教授充满智慧的双眼，闪烁着奇特的光芒，继续说道："既然整本书是空白的，当然就不会有任何错误了，所以我说，这是一本有史以来，唯一没有错误的生物学巨著。"

## 心灵启示

为了使自己不犯错误，拉塞特教授写出了一本无字书。这是因为，他知道不犯任何错误的人是不存在的，因此，要想不犯错误，就是不存在，就是空白。虽然我们不需要出版任何著作，但是，即使在日常生活中，我们也会经常面对犯错误的窘境。遇到这种情况的时候，也许你会遭遇责备，遭遇别人的误解，但是，你不要受其影响，而应该冷静地反思，从而吸取宝贵的经验，避免下次再犯同样的错误。只要你能够从错误中吸取经验和教训，那么，你所犯的错误就是有价值的。

（1）在这个世界上，没有什么人、什么事情是绝对正确的。犯错误是正常的，我们要正确面对错误。

（2）错误的最大价值就在于为我们提供经验和教训，避免下次再犯同样的错误。所以，如果你用逃避的态度面对错误，那么，你将失去一次自我反省、自我提升的宝贵机会。

（3）如果你想不犯任何错误，那么，你的人生将和拉塞特教授的无字著作一样，没有任何内容。

（4）面对错误，我们应该勇敢一些，承认错误，并且从错误中积累宝贵的经验，这才是面对错误的正确态度。

## 青少年顾虑重重，会牵绊行动的脚步

仰望高耸入云的泰山，也许你会心中打鼓，双腿发抖，殊不知，只要你开始行动，一级一级往上攀登，那么，你不久就能攀上顶峰。当你在高耸入云的顶峰俯视山下的时候，当你在视野开阔的顶峰极目远眺的时候，你会发现，一切都美极了，你的心胸也变得无比开阔，最重要的是，你会发现，攀上泰山的最高峰，其实比你想象得简单很多。原来，只是一味地假想困难有多么巨大，那么，你就会知难而退，自己吓唬自己。而要想使自己不再惧怕困难，直至战胜困难，最好立即展开行

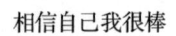

动。在实际的行动过程中，你会发现，困难其实并没有你想象的那么可怕，随着你不断地深入，困难变得越来越小。由此，我们可以得出一个结论，困难在想象中变大，在行动中变小，要想战胜困难，最好的办法就是立即展开行动。

迈克今年刚刚大学毕业，在应聘时，他被当地的《时事报》看重，做了该报社的一名记者。在刚上班不久的这一天，他的上司交给他一个任务：采访大法官利达。

第一次接到重要任务，迈克不是欣喜若狂，而是愁眉苦脸。他想：自己任职的报纸又不是当地的一流大报，况且自己只是一名刚刚出道、名不见经传的小记者，大法官利达怎么会接受他的采访呢？同事卡卡得知他的苦恼后，拍拍他的肩膀，说："我很理解你。让我来打个比方，这就好比躲在阴暗的房子里，然后想象外面的阳光多么炽烈。其实，最简单有效的办法就是往外跨出第一步。"

卡卡拿起迈克桌上的电话，查询利达的办公室电话。很快，他与大法官的秘书通上了话。接下来，卡卡直截了当地道出了他的要求："我是《时事报》新闻部记者迈克，我奉命访问法官，不知他今天能否接见我呢？"旁边的迈克吓了一跳。

卡卡一边接电话，一边向目瞪口呆的迈克扮个鬼脸。接着，迈克听到了他的答话："谢谢你。明天1点15分，我准时到。"

"瞧，直接向人说出你的想法，不就管用了吗？"卡卡向迈克扬扬话筒，"明天中午1点15分，你的约会定好了。"旁边的迈克面色转好，似有所悟。

多年以后，昔日羞怯的迈克已成了《时事报》的资深记

第9章 历经打磨,青少年终能成为你想成为的人

者。回顾此事,他仍觉得刻骨铭心:从那时起,我学会了单刀直入的办法,做来不易,但很有用。而且,第一次克服了心中的畏怯,下一次就容易多了。

## 心灵启示

也许,有了第一次单刀直入地展开行动的经验,迈克才开始了勇敢的行动。假如不是卡卡的实际行动给了迈克以信心和勇气,他还在畏难的边缘徘徊。其实,很多事情,看起来很难,那只是因为我们还没有真正去做,一旦我们真正去做了,就会发现,很多困难都是可以克服的,原本想象很难的事情也变得容易了。虽然人们常说凡事都要三思而后行,但是,假如思虑太多,也会牵绊我们行动的脚步。我们只要从大方向上把握自己的行动就可以了,因为,我们永远不可能在想象中解决所有的困难,而只能在行动中解决所有的困难。

(1)在做一件事情之前,我们可以设想会遇到哪些困难,但是,不要被这些困难吓倒。

(2)现实的困难也许比我们想象得多,也可能比我们想象得少,这一切都要在真正展开行动后才能知道。

(3)办法永远都比困难多,只有抱定这个想法,我们才有勇气去做。

(4)不要被自己想象中的困难吓倒,因为,随着事情的不断变化,既会出现很多不可预见的困难,也可能出现很多意想不到的转机。最重要的是,你要有一颗坚强勇敢、坚定不移的心。

213

# 参考文献

[1]卢勤,乔冰,智慧鸟.相信自己,我可以[M].长春:吉林出版集团出版社,2020.

[2]吴牧天.自觉可以练出来[M].北京:接力出版社,2011.

[3]吴牧天.管好自己就能飞[M].北京:接力出版社,2013.

[4]摩根.相信自己够勇敢:摩根写给儿子的32封信[M].李慧泉,译.北京:立信会计出版社,2016.